装备科技译著出版基金

基于卡尔曼滤波的大气数据/GPS组合导航系统

Kalman Filter Based Integrated Air Data/GPS Navigation System

[土耳其] Taner Mutlu　　Chingiz Hajiyev　著

戴洪德　李　娟　周绍磊　闫　石　译

国防工业出版社

·北京·

著作权合同登记 图字：军—2014—216 号

图书在版编目（CIP）数据

基于卡尔曼滤波的大气数据/GPS 组合导航系统/（土）泰尼尔·马卢特（Taner Mutlu），（土）恰金斯·哈吉耶夫（Chingiz Hajiyev）著；戴洪德等译. —北京：国防工业出版社，2016.6

书名原文：Kalman Filter Based Integrated Air Data/GPS Navigation System

ISBN 978-7-118-10825-5

Ⅰ. ①基… Ⅱ. ①泰… ②恰… ③戴… Ⅲ. ①全球定位系统—研究 Ⅳ. ①P228.4

中国版本图书馆 CIP 数据核字（2016）第 141122 号

Kalman Filter Based Integrated Air Data/GPS Navigation System
ISBN 978-3-8443-0175-5

※

国防工业出版社出版发行

（北京市海淀区紫竹院南路 23 号 邮政编码 100048）
国防工业出版社印刷厂印刷
新华书店经售

*

开本 880×1230 1/32 印张 3⅞ 字数 105 千字
2016 年 6 月第 1 版第 1 次印刷 印数 1—2000 册 定价 59.00 元

（本书如有印装错误，我社负责调换）

国防书店：（010）88540777 发行邮购：（010）88540776
发行传真：（010）88540755 发行业务：（010）88540717

译者序

　　卫星导航系统和大气数据系统是现代飞机上必不可少的重要设备，能够为飞机提供位置、速度、真空速、垂直速度、高度等核心参数，直接关系着飞行任务的完成，甚至关系着飞行的安全。

　　土耳其科学家 Taner Mutlu 和 Chingiz Hajiyev 以直升机导航应用为背景，首先应用卡尔曼滤波技术提高全球卫星导航系统接收机的位置精度，在此基础上提出了大气数据系统和全球卫星导航系统组合方案，使得具有高精度、低频率的卫星导航系统与低精度、高频率的大气数据系统实现优势互补，得到高精度、高频率的导航信息，还可以得到高精度的风速信息。最后，基于 Matlab 平台对所研究的方法进行了仿真分析。

　　Taner Mutlu 和 Chingiz Hajiyev 两位学者的研究思路对我们有很好的借鉴意义，通过在中国知网的检索，发现国内还没有学者开展这方面的研究，所以课题组决定将这本书翻译出版。翻译工作由海军航空工程学院的戴洪德、周绍磊、闫石与鲁东大学的李娟共同完成。感谢"装备科技译著出版基金"的支持，感谢国防工业出版社冯晨编辑以及其他同志为本书出版付出的心血。

译 者

2016 年 1 月 22 日

前 言

　　本书重点研究了现代导航系统的改进方法。高精度在航空领域非常重要，导航系统的最新发展引起了一场革命，这个发展就是全球定位系统（GPS），该系统在 20 世纪 80 年代开始投入实际使用，但是非授权用户的应用误差较大。2000 年，GPS 信号中的 SA 误差被取消了，民用 GPS 使用者也能够接收到高精度的 GPS 数据。另一个好消息是处理器速度的提高。卡尔曼滤波理论在 20 世纪 60 年代就已经提出，然而，由于较慢的处理速度，使其很难得到实际应用。现在 ARM MCU 能够达到 200 兆 ［条］ 指令/s 的处理速度，使卡尔曼滤波器在实际应用中得以实现。

　　本书第一部分应用基于卡尔曼滤波器的卫星距离法改进从 GPS 接收机获得的 GPS 位置。GPS 接收机同时提供卫星的位置和接收机的位置，在卡尔曼滤波器中应用这些信息能够得到比单独使用 GPS 接收机更好的位置精度。

　　本书第二部分研究大气数据系统（ADS）和全球定位系统（GPS）这两个导航系统的组合方法。ADS 是一种广泛应用的导航系统，通过测量大气的静压、总压和大气温度，应用 ADS 的大气数据计算机（ADC）来计算马赫数、真空速和垂直速度等。ADS 具有高采样率和低精度，GPS 具有比 ADS 高的精度但是采样率较低（1Hz）。应用卡尔曼滤波器来组合这两种导航系统可以减小它们的误差，通过组合可以得到高采样率和高精度的导航系统。另一个任务是以较高的精度计算风速，也就是 ADS 测量的空速的误差。

基于 Matlab 软件包，以直升机的大气数据系统和全球定位系统组合为例，进行了计算机仿真。

本书的大部分内容由作者原创。

本书既讨论了理论，又讨论了应用，是一部对学术研究者和航空航天领域的专业工程师都有用的专著，同时也可以作为研究生的重要参考资料。

Taner Mutlu　Chingiz Hajiyev　教授

伊斯坦布尔　土耳其

2012 年 11 月

目　录

缩 略 语

缩写	全称	中文
ASCII	American Standard Code for Information Interchange	美国信息交换标准码
ARM	Advanced Risc Machine	先进精简指令集计算机
MIPS	Million Instructions Per Second	每秒百万指令
MCU	Micro Controller Unit	微控制器
ADC	Air Data Computer	大气数据计算机
ADS	Air Data System	大气数据系统
AHRS	Attitude And Heading Reference System	航姿系统
ASI	Airspeed Indicator	空速指示器
VSI	Vertical Speed Indicator	垂直速度指示器
ALT.	Altitude Indicator	高度指示器
ATC	Air Traffic Control	航空交通管制
SA	Selective Availability	选择可用性
CRC	Cyclic Redundancy Check	循环冗余校验
NMEA	The National Marine Electronics Association	国家海洋电子协会
BPSK	Binary Phase Shift Key Modulation	二进制相移键控调制
Bps	Bits Per Second	每秒传输位数
C/A	Coarse Acquisition	粗码捕获
LLA	Longitude Latitude Altitude	经度，纬度，高度
ECEF	Earth – Centric Earth – Fixed	地心地固坐标系
GPS	Global Positioning System	全球定位系统
TAS	True Air Speed	真空速
GNSS	Global Navigation Satellite System	全球导航卫星系统
CPU	Central Processing Unit	中央处理器
DGPS	Differential Global Positioning System	差分全球定位系统
I – DGPS	Inverse DGPS	逆差分全球定位系统
VOR	VHF Omni Range	甚高频全向信标
INS	Inertial Navigation System	惯性导航系统

缩写	全称	中文
INU	Inertial Navigation Unit	惯性导航单元
IMU	Inertial Measurement Unit	惯性测量单元
DoD	Deployment of Defence	美国国防部
GLONASS	Global Navigation Satellite System	全球导航卫星系统
LORAN	Long Range Navigation	远程导航系统（罗兰）
DR	Dead Reckoning	航位推算
KF	Kalman Filter	卡尔曼滤波器
NAVSTAR	Navigation System with Time and Ranging	定时与测距导航系统
RADAR	Radio Detecting and Ranging	雷达
DOP	Dilution of Precision	精度因子
PDOP	Positioning Dilution of Precision	位置精度因子
HDOP	Horizontal Dilution of Precision	水平精度因子
VDOP	Vertical Dilution of Precision	垂直精度因子
GDOP	Geometric Dilution of Precision	几何精度因子
TDOP	Time Dilution of Precision	时间精度因子
RDOP	Relative Dilution of Precision	相对精度因子
RMS	Root Mean Square	均方根
DSP	Digital Signal Processor	数字信号处理器
GPIO	General Purpose Input/Output	通用输入输出
GIS	Geographic Information System	地理信息系统
GMT	Greenwitch Mean Time	格林威治标准时间
HAE	Height Above Ellipsoid	椭球高度
MSL	Height Above Mean Sea Level	海平面高度
Hz	Herts	赫兹
EMC	Electromagnetic Compatibility	电磁兼容性
EMI	Electromagnetic Iinterference	电磁干扰

符号列表

V_x, V_y, V_z	X, Y, Z 方向上的速度
V_{adsx}, V_{adsy}, V_{adsz}	X, Y, Z 方向上的真空速
V_{gpsx}, V_{gpsy}, V_{gpsz}	X, Y, Z 方向上的 GPS 速度
V_{eadsx}, V_{eadsy}, V_{eadsz}	X, Y, Z 方向上的真空速误差
V_{egpsx}, V_{egpsy}, V_{egpsz}	X, Y, Z 方向上的 GPS 速度误差
V_{eadgsx}, V_{eadgsy}, V_{eadgsz}	X, Y, Z 方向上的空速误差模拟值
X_{eadgs}, Y_{eadgs}, Z_{eadgs}	X, Y, Z 方向上的大气数据位置误差的模拟值
X_{ads}, Y_{ads}, Z_{ads}	X, Y, Z 方向上由空气速度推导得到的真实大气数据位置
X_{eads}, Y_{eads}, Z_{eads}	X, Y, Z 方向上由空气速度推导得到的真实大气数据位置误差
$\hat{V}_{adsx}$, $\hat{V}_{adsy}$, $\hat{V}_{adsz}$	X, Y, Z 方向上真空速的估计值
$\hat{V}_{eadsx}$, $\hat{V}_{eadsy}$, $\hat{V}_{eadsz}$	X, Y, Z 方向上真空速误差的估计值
$\hat{X}_{ads}$, $\hat{Y}_{ads}$, $\hat{Z}_{ads}$	X, Y, Z 方向上真空速位置的估计值
$\hat{X}_{eads}$, $\hat{Y}_{eads}$, $\hat{Z}_{eads}$	X, Y, Z 方向上真空速位置误差的估计值
$\sigma_{V_{gpsx}}$, $\sigma_{V_{gpsy}}$, $\sigma_{V_{gpsz}}$	X, Y, Z 方向上 GPS 速度的标准差
$\sigma_{V_{adsx}}$, $\sigma_{V_{adsy}}$, $\sigma_{V_{adsz}}$	X, Y, Z 方向上 ADS 速度的标准差
$Var\ (V_x)$, $Var\ (V_y)$, $Var\ (V_z)$	X, Y, Z 方向上速度的方差
$Var\ (X)$, $Var\ (Y)$, $Var\ (Z)$	X, Y, Z 方向上位置的方差
A	系统动力学矩阵
λ	波长
σ	标准偏差
τ_c	相关时间

ψ	方位角
T	周期
c	光速
$\delta(k)$	克罗内克函数
$x(k)$	系统状态
$\boldsymbol{\phi}(k+1, k)$	系统转移矩阵
$G(k+1, k)$	系统噪声转移矩阵
$\boldsymbol{w}(k)$	零均值高斯噪声向量
$H(k)$	系统观测矩阵
E	统计期望算子
$z(k)$	测量观测向量
$\boldsymbol{P}(k, k)$	误差相关矩阵
$K(k)$	卡尔曼滤波器增益
$\Delta(k)$	新息过程
$\hat{\boldsymbol{x}}(k, k)$	$x(k)$ 的估计向量
$\hat{\boldsymbol{x}}(k, k-1)$	$x(k)$ 的预测向量
$\boldsymbol{Q}(k)$	系统的噪声相关矩阵
$\beta_{V_{\text{adsx}}}, \beta_{V_{\text{adsy}}}, \beta_{V_{\text{adsz}}}$	大气数据速度相关时间的逆 (X, Y, Z)
$\tau_{V_{\text{adsx}}}, \tau_{V_{\text{adsy}}}, \tau_{V_{\text{adsz}}}$	大气数据速度相关时间 (X, Y, Z)
u	X 方向上的飞行速度 (m/sec)
w	Z 方向上的飞行速度 (m/sec)
q	俯仰角速度 ((°)/s)
θ	俯仰角 (°)
β	航向角 (°)
ϕ	滚转角 (°)
p	滚转角速度 ((°)/s)
r	航向角速度 ((°)/s)
α	攻角 (°)

第一章 引　言

　　导航是确定相对于特定参考坐标系的有效位置、速度、姿态和时间（Position Velocity Attitude Time，PVAT）信息的过程。制导是应用导航信息智能地对载体进行引导或机动的过程。目前有 3 种类型的导航：天文导航、测量推导（常称为航位推算）、领航。现代航空导航系统可以按以下几种方式分类：自主或位置固定（Position Fixing）、被动或主动、独立或辅助、模拟或数字。自主的被动系统①，如惯性制导系统提供合理精确的即时 PVAT 输出，并且不依赖任何外部的人工设备或信号，也就是说惯性制导系统既不会被干扰也不会被外界敏感到。然而独立导航系统②常常需要地面的无线电导航辅助设备（NAVIAIDS）或空间的卫星提供外部的电磁信号[1]。

　　组合导航系统结合了自主和独立系统的最优特性，在自主工作时具有很好的短期性能和操作上的自主模式，而且在辅助模式下能够长期提供超常的性能。因此组合导航能够提高系统的性能、改进可靠性和系统完整性，当然，也增加了系统的复杂性和成本[2]。更重要的是组合导航系统的输出是数字信号，所以能够通过无损失、无失真地变换，应用于其他设备。

　　21 世纪计算机技术的发展、数据处理速率的增加使得航空飞行器导航系统的精度、正确性和可靠性得到提升。

　　在各种组合导航系统中，卡尔曼滤波器的应用具有里程碑

---

① 原文为：An Autonomous Passive System。
② 原文为：Stand-alone Navigation System。

的意义，在过去的一段时间我们见证了这些发展。针对这一主题已经展开了大量的研究，并且在将来还会看到更多的研究，这些研究中的许多都经过验证，并得到了很多有用的信息。

文献[3]中讨论了组合导航系统问题，在文中提到，随着航空工业需求的发展，仪表着陆系统（Instrument Landing Systems，ILS）得到了改进。该系统不能仅仅用微波着陆系统（Microwave Landing Systems，MLS）代替，在实际应用中还需要将全球定位系统和 ILS 组合。

文献[3]的研究促使现在绝大部分的精确着陆研究都开发了独立的 GPS 接收机技术。作为一种改进，该文开发了应用扩展卡尔曼滤波器（Extended Kalman Filter，EKF）来组合惯性导航系统（Inertial Navigation System，INS）、GPS、气压高度计和雷达高度计的方法，来为飞行器提供高精度导航。结果表明，联邦航空局（Federal Aviation Authority，FAA）对 I 类和 II 类的需求可以通过这一新方式得到满足。

该文献的工作是通过计算机仿真实现的，这个仿真程序基本是基于卡尔曼滤波器算法开发的，其图形输出由商业软件 Matlab 生成。在这种方式下，该文献研究的内容以及使用的工具与本书讨论的研究内容很接近[3]。

文献[4]开发了一种能够最优地组合 GPS、INS 和雷达高度计数据的卡尔曼滤波器。该文献指出，作为两种独立的导航系统，GPS 和 INS 在独立模式下工作时都有各自的不足：INS 的位置精度会不断漂移；GPS 信号可能会接收不到。作者指出，通过该文献提出的卡尔曼滤波器可以消除这些不足，同时能够组合各个系统的最优特性。

将捷联惯导系统与 GPS 集成在一起具有重要意义。然而，高度通道的精度可以通过进一步集成 GPS、气压－惯性回路辅助的捷联惯导系统以及雷达高度计信号来改善。卡尔曼滤波器能够将 GPS、捷联惯导系统和雷达高度计提供的导航数据以最优方式组合起来。在该卡尔曼滤波器设计的过程中，捷联惯导系统的误差模型发挥着重要作用。通过组合各个系统的误差模型，可以应用卡尔曼滤波对该方案进行仿真，仿真结果显示，我们关注的特性有了明显的改善。该文献的方法、工具和数据与本书都会完全相同，而结果在一定程度上也是相同的[4]。

来自达姆施塔特科技大学的团队完成了关于 INS 和 GPS 组合的另外一项工作[5]。这个名为"High Precision Navigation"的团队通过试验手段证明他们改善了组合导航系统的导航参数，其主要工具还是常见的卡尔曼滤波器，但是他们还监测了飞行器的姿态，并在该团队 1994 的论文中进行了报道[5]。

NASA 对于卡尔曼滤波器在导航系统中的应用也很感兴趣。在低空飞行时对高度的测定精度需求是其关注的主要问题。在一个多传感器导航系统上，卡尔曼滤波器仍被用作主要工具来组合不同来源的导航信息，在获取水平位置时，雷达高度计和 INS 数据用来筛选最为相似的数字地形图。

NASA 的一个工作组和美国军队在 1993 年合作了一个类似的项目。借助于卡尔曼滤波器，将安装了雷达高度计的地形参考制导系统应用于传统的导航系统。该团队从数学模型开始，以黑鹰直升机为试验平台，完成了多个飞行测试与试验[6,7]。

目前已经有很多关于组合导航系统的研究[8-37]。然而，只有很少的论文同时研究利用 ADS 和 GPS 获得更好的导航信息的方法[38,39]。在这些工作中，GPS 用来校正不准确的大气测量数据，但是 GPS 数据一对一地校正 ADS 数据。在上述研究中并未采用滤波的方法来最小化误差。

从 1960 年卡尔曼著名的论文开始[40]，在导航技术发展的历史上，关于卡尔曼滤波器和组合导航系统的努力从未停止过。这是一个非常快速的发展，并且未来的趋势会随着组合导航系统的发展而加速。在这一科学领域的论文也有很多[40-45]。

本书的目的在于针对直升机的应用，研究基于卡尔曼滤波器的 ADS/GPS 组合导航系统，该系统具有测量频率高、精度高的特点，另外一个目的是高精度地测量风速。

第二章 全球定位系统

全球定位系统（GPS）是基于美国国防部 NAVSTAR（NAVigation Satellite Timing and Ranging）卫星建成的。NAVSTAR 卫星允许用户在地球的任何一个位置得到自己的三维位置，同时还可以获得时间和速度，这些服务在全球范围内都是 24h 免费。该系统仅仅受到天气的轻微影响。相比于其他导航系统，GPS 的性能具有很大数量级的提高。结合地理信息系统（GIS），GPS 让全世界成为你的数字平台。GPS 在 1993 年 10 月 8 日完全投入运行，正在变革测量和定位的方式。

2.1 GPS 系统组成

GPS 由 3 部分组成：空间部分、地面控制部分和用户设备部分。

2.1.1 空间部分

空间部分由导航卫星组成。28 颗卫星相对于赤道的倾斜角为 55°，它们绕地球周期为 11h 58min，分布在 6 个不同的轨道平面上的 20180km 高空处（图 2-1）。卫星在空间中的分布保证了在地球任意位置的观测者都能至少可以看到 5 颗卫星。同时，至少需要 3 颗卫星来得到观测者的纬度、经度和时间。利用第 4 颗卫星来确定 GPS 接收者的高度。

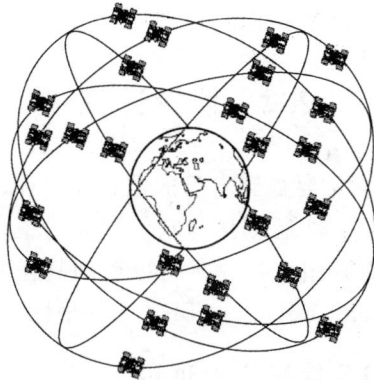

图 2 - 1　地球 6 个轨道平面上的 GPS 卫星

卫星之间传递时间信号和数据的频率为 1575.42MHz。在地球上接收到的最小信号强度为 - 158 ~ - 160dBW。地球上的最大能量密度比地球的背景噪声小 14.9dB。

▶ 2.1.2　地面控制部分①

地面控制部分由 5 个监测站（Hawaii，Kwajalein，Ascension Island，Diego Garcia 和 Colorado Springs）和 3 个地面天线站（Ascension Island，Diego Garcia 和 Kwajalein）组成。主控站（MCS）位于科罗拉多 - 斯普林斯（Colorado Springs）。监测站被动地跟踪所有可见的卫星，积累测距资料。在主控站对这些数据进行处理，来确定卫星的轨道并更新每个卫星的导航信息。更新的信息通过地面天线站传递给每个卫星。根据监测数据计算得到新的导航数据和星历表，每天上传给卫星 1 次或 2 次。这些数据通过 S 波段传递给卫星。

▶ 2.1.3　用户设备部分

拥有 GPS 接收装置的任何人都属于用户设备部分，其用户

_____

①　2.1.1 节和 2.1.2 节的标题由译者增加。

数量在不断增长，新的应用也日新月异。

2.2 位置计算

一个 GPS 接收机要得到自己的位置需要计算 4 颗或者更多的可见卫星的位置，然后测量与它们之间的距离。通过求解具有 4 个未知量的方程组，接收机可以得到其在地心地固坐标系（Earth Centered Earth Fixed，ECEF）中的坐标。

▶2.2.1 GPS 信号传输时间

每个卫星以 1575.42MHz 的频率将自身精确的位置和星上时钟的精确时间传递到地球。这些信号都以光速（300000km/s）传递，大约需要 67.3ms 的时间到达地球上卫星正下方的位置。信号多传输 1km 需要增加 3.33μs 的传输时间。如果想在陆地上（海上或者空中）得到自己的位置，就必须有一个精确的时钟。通过比较卫星信号的到达时刻和信号发出时的星上时刻，可以得到信号的传输时间。可以根据信号传输的时间得到卫星的距离 S。测量一颗卫星信号的传输时间以及获得的距离仍然不足以计算用户在三维（3D）空间的位置。因此，需要独立测量 4 颗卫星信号的传输时间。正因为如此，要计算一个接收者的精确位置和时间需要与 4 颗不同的卫星的通信，这样做的原因可以用在平面内确定一个物体位置的方法来解释。

▶2.2.2 确定平面内的位置

想象一下，你站在一个广阔的高原上，并且想知道自己的位置。2 颗卫星正在轨道上运行，传递着它们自身的星上时间和位置信息。通过利用 2 颗卫星的信号传递时间，可以计算接收机到卫星的距离 $S1$ 和 $S2$，以这 2 个距离为半径，以卫星为圆心画 2 个圆，所有可能的接收机的位置为 2 个圆的交点。如果位于卫星上方的位置被排除，那么接收机的精确位置就在 2 个圆另外一个交点上（图2-2），这样，2颗卫星就足以在 XY 平面上确定一个位置。

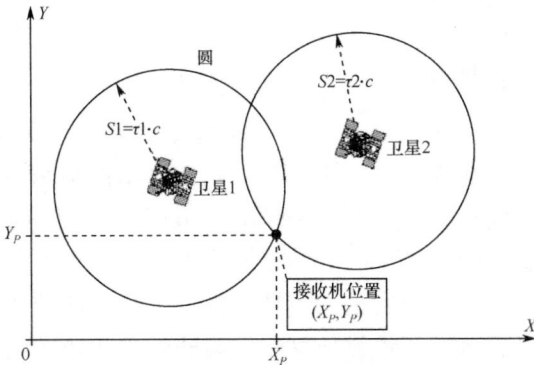

图2-2　接收机的位置在2个圆的交点上

　　实际应用中，需要确定三维空间的位置，而不仅仅是在一个平面上。因为二维平面和三维空间的区别在于一个额外的维度（高度 Z），那么必须要有第3颗卫星，用来确定真实位置。如果到3颗卫星的距离都是可知的，那么所有可能的位置都在3颗以接收机到卫星距离为半径的球体的表面上。接收机的位置在所有球体表面的交点处（图2-3）。

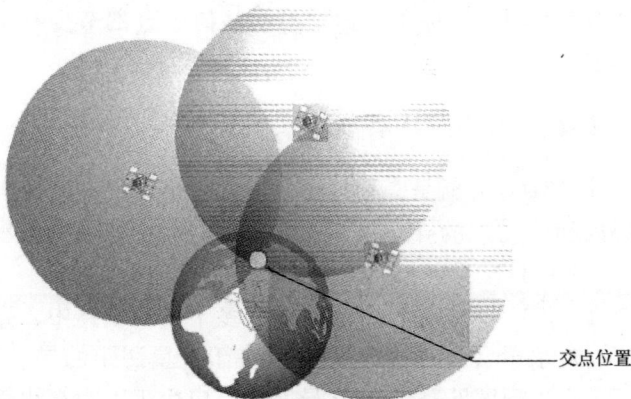

图2-3　需要确定的位置为3个球面的交点

只有当地球上的时钟和卫星上的原子钟是严格同步的，或者说信号传播的时间能够被准确确定时，才能保证得到前面的结论。

2.2.3 时间误差的影响和校正

目前为止，我们一直假设能够精确测量信号的传输时间。但是，事实并非如此。如果接收机想要高精度地测量时间，那么必须要有同步时钟，传递时间偏差 $1\mu s$ 可以产生 $300m$ 的位置误差。尽管 3 颗卫星上的时钟是同步的，但是传递时间的 3 个测量值都存在一定程度上的不精确性。现在只能利用数学工具来解决这个问题，在进行估算时，如果有 N 个未知变量，则需要 N 个独立的方程。

如果时间测量值包含了未知的常值误差，那么在三维空间中就有 4 个未知变量：

（1）经度；

（2）纬度；

（3）高度；

（4）时间误差。

因此，在三维空间中需要 4 颗卫星来确定一个位置。GPS 卫星分布在全球，保证了在地球上的任何一点都至少有 4 颗卫星是可见的。

2.2.4 2D 和 3D 导航

三维（3D）导航是一种根据卫星测距来确定高度和水平位置（经度和纬度）的导航模式，其至少需要 4 颗可见卫星，是 GPS 接收机的标准导航模式。

二维（2D）导航是一种在一个或多个位置测算中，高度固定的，同时水平（2D）位置完全取决于卫星测距的导航模式，其需要至少 3 颗可见卫星。2D 导航主要应用于因为视线障碍而只有 3 颗卫星可见的情况。2D 位置的精度严重依赖于估计精度。

2.3 GPS 导航信息

导航信息是一个传输速度为 50bit/s 的持续的信息流。每一颗卫星都会向地球发射如下的信息：

（1）系统时间和时钟校准值；

（2）自身高精度的轨道数据（星历表）；

（3）所有其他卫星大概的轨道数据（历书）；

（4）系统健康程度等。

导航信息被用来计算卫星的当前位置和信号的传递时间。这些数据被调制到每个独立卫星的高频载波中，数据以帧或页为逻辑单元传输。每一帧有 1500bit 并且需要 30s 的传输时间。这些帧被分为 5 个子帧。每一个子帧中有 300bit 且需要 6s 的传输时间。为了传输一个完整的历书，需要传递 25 个不同的帧（也就是 1 页）。因此，整个历书所需的传输时间为 12.5min。

▶ 2.3.1 导航信息的结构

每一帧有 1500bit 并且需要 30s 的传输时间。这 1500bit 被分割为 5 个子帧，每一子帧有 300bit（传输时间为 6s）。每个子帧按顺序又被分割为 10 个字，每个字 30bit。每一子帧开头是遥测字和转换字（HOW）。一个完整的导航信息包含 25 个帧（页）。每一帧分为 5 个子帧，并且每个子帧都传递着不同的信息：

（1）子帧 1 包含传输卫星的时间值，其中包括修正信号传输延迟的参数和星上时钟，以及卫星健康状况和卫星位置精度的估计。子帧 1 也传输所谓的 10bit 长度的星期序号（可以用 10bit 表示的 0~1023 的值）。GPS 时间从 1980 年 1 月 6 日星期日子夜零点算起。星期序号每隔 1024 个星期归零。

（2）子帧 2 和子帧 3 包含传输卫星的星历表信息，这些信息提供了精确的卫星轨道信息。

（3）子帧 4 包含 25~32 号卫星的历书数据（注意，每个子帧只能传送 1 颗卫星上的数据）、GPS 时间和世界时间的差异以及由电离层导致的测量误差信息。

（4）子帧 5 包含 1~24 号卫星的历书数据（注意，每个子帧只能传送 1 颗卫星上的数据）。所有 25 页与 1~24 号卫星的健康信息一起传递。

2.3.2 星历和历书信息的比较[1]

从历书中检索得到的卫星轨道信息远没有从星历中检索得到的卫星轨道信息精确。一个 GPS 接收机需要下载其跟踪的所有卫星的星历信息，才能得到典型的 GPS 精度（见表 2-1）。

一些 GPS 接收机（包括 ANTARIS GPS Techhnology 的接收机）可以在星历不可用时（例如星历开始下载的时间内）利用历书轨道信息进行导航。但是，仅利用历书时位置信息只有几千米的精度。

2.4 GPS 的精度[2]

尽管最初建立 GPS 仅仅由于军事目的，但是现在 GPS 主要应用于民用领域，如营救、导航（空中、海上和陆上）、定位、测速、测时、监视固定和移动目标等。系统的控制中心承诺标准的民用用户可以在 95% 的时间内达到以下的精度（表 2-1）（2drms 值）。

表 2-1 标准民用服务的精度

水平精度	垂直精度	时间精度
≤13m	≤22m	≈40ns

2.4.1 误差因素

目前，计算误差的组成远没有引起足够重视。在 GPS 中，

---

① 2.3.2 节的标题由译者增加。
② 2.4 节的标题由译者重新调整。

很多原因会导致整体上的误差：

（1）卫星时钟：尽管每颗卫星上都有 4 个原子钟，但是时间上仅仅 10ns 的误差会导致位置上 3m 的误差。

（2）卫星轨道：只能大致得到每颗卫星的位置，误差为 1 ~ 5m。

（3）光速：信号从卫星到用户以光速传递。当信号在电离层和对流层传输时，速度会减慢，因此信号的传输速度不再是常值。

（4）信号传输时间的测量：用户只能在 10 ~ 20ns 的时间内确定卫星信号到达时刻，而这样会导致 3 ~ 6m 的误差。这一误差成分会由于地球反射（多路径）进一步增大。

（5）卫星几何学：如果用来测量的 4 颗卫星的距离过近会导致定位能力降低。这种因为卫星几何学而对测量精度产生的影响（见 2.4.2 节）被称为几何精度因子（Geometric Dilution Of Precision，GDOP）。

由于各种原因而导致的误差可见表 2 - 2，包含了水平误差 Sigma-1（68.3%）和 Sigma-2（95.5%）的信息。多数情况下，精度比规定值（应用于平均卫星星座的精度值）要高。

表 2 - 2　误差因素

误差原因	误差/m
电离层影响	4
卫星时钟	2.1
接收机测量	0.5
星历数据	2.1
对流层影响	2.1
多路径	1.4
总均方根（未滤波）	5.3
总均方根（滤波后的）	5.1
垂直误差（Sigma-1（68.3%）VDOP = 2.5）	12.8
垂直误差（Sigma-2（95.5%）VDOP = 2.5）	25.6
水平误差（Sigma-1（68.3%）VDOP = 2.5）	10.2
水平误差（Sigma-2（95.5%）VDOP = 2.5）	20.4

注：从美国联邦航空署长期以来的测量结果来看，95% 的情况下，水平误差小于 7.4m，垂直误差小于 9m。在所有情况下，测量工作都是在 24h 内完成的

在很多情况下，误差源可以通过合适的途径（差分GPS）来消除或者减小（一般能达到1~2m，sigma-2）。

➤ 2.4.2 精度因子（DOP）

GPS导航模式的定位精度一方面取决于伪距测量值的精度，另一方面取决于所使用卫星的几何构型。这些因素用一个标量来表示，在导航类文献中称为精度因子（Dilution Of Precision，DOP）。

下面是目前使用的几种DOP的名称：

（1）GDOP：几何DOP（3D空间中的位置，包括解决方案中的时间偏差）。

（2）PDOP：位置DOP（3D空间中的位置）。

（3）HDOP：水平DOP（平面上的位置）。

（4）VDOP：垂直DOP（高度）。

任何测量值的精度都是与DOP成比例的。这就意味着，如果DOP值加倍，那么定位误差也会乘以2。

PDOP可以认为是由卫星和用户为顶点组成的四面体（图2-4）的体积的倒数。当该四面体的体积最大且PDOP最小时，可以得到最佳的几何位置。

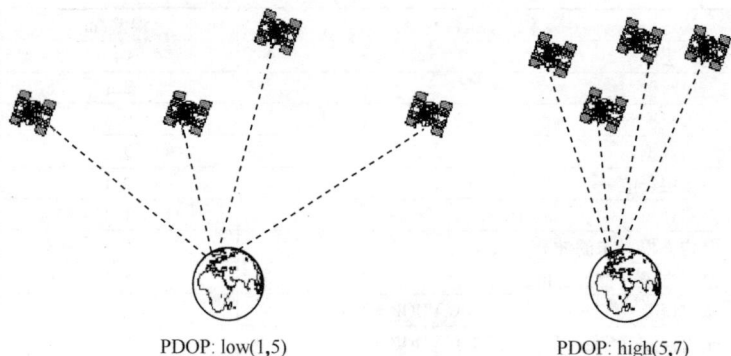

PDOP: low(1,5)　　　　　　　　PDOP: high(5,7)

图2-4　卫星几何位置和PDOP

在使用GPS的早期，PDOP在测量任务规划时起着重要作用，因为有限的卫星部署会使得卫星星座的几何构型很不理想，现在卫星部署得很好，以致 PDOP 和 GDOP 很少超过 3（图 2-5）。

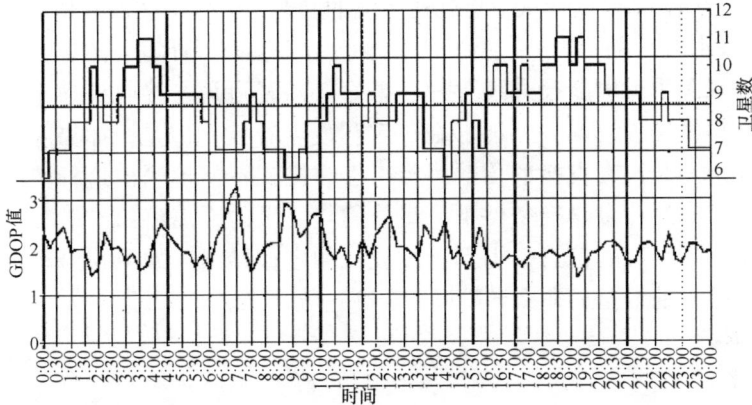

图 2-5 GDOP 值和卫星数随时间的变化

因此没必要根据 PDOP 值来规划测量，或者用来评估可达精度水平的结果，因为在几分钟内会产生不同的 PDOP 值。在动态应用和快速记录的过程中，不令人满意的几何构型会在一些孤立的情况下短暂出现。因此，在评估关键结果时，评价标准应包含相应的 PDOP 值。PDOP 值会出现在最先进设备制造商的项目计划和评价中（图 2-6）。

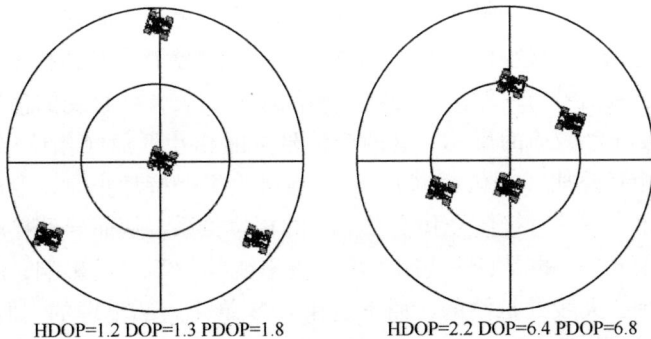

HDOP=1.2 DOP=1.3 PDOP=1.8   HDOP=2.2 DOP=6.4 PDOP=6.8

图 2-6 卫星星座对 DOP 值的影响

2.4.3 多路径

GPS 信号直接从卫星到达天线的同时，信号也会从其他表面（如水面、墙面等）反射到天线，称为存在多路径环境（图 2 − 7）。如果除了反射路径外还存在一条直接路径可用，接收机通常能够检测这种情况并且能够在一定程度上补偿。但是，如果除了反射路径没有直接的传输路径，接收机就不能检测出这种情况了。在这些多路径条件下，测量的与卫星的距离将给导航解算提供不准确的信息，得到精度较低的定位结果。如果视野里只有很少的卫星，那么导航误差会高达数百米。

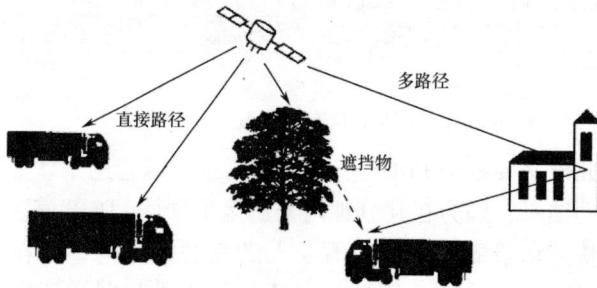

图 2 − 7　多路径环境

如果只有一个视线可用，那么多路径的影响是双倍的。首先，相关尖峰会出现变形扭曲，导致不太精确的定位，而这个影响可以通过先进的接收机技术来补偿，比如多路径消除专利技术。另外，直接信号与反射信号的载波相位关系相关，接收到的信号的强度受干涉效应的影响，这两个信号可能相互抵消（相位相反）或者相互叠加（相位相同）。甚至当接收机保持静止时，卫星的运动也会改变直接信号和反射信号的相位关系，从而导致接收机所测量 C/N0 的周期性调制。接收机不能补偿第二类影响，因为信号是在天线处抵消的，而不是在 GPS 单元内部出现的。但是，由于反射信号常常比直接信号弱得多，这两个信号不会完全抵消。反射信号经常有相反的极性（左旋转极化而不是右旋转极化），进一步减小了信号等级，尤其是当天线有一个好的极化选择性时。由于水面是一个良好的反射面，所以所有海面上的用户需要特别注意从下面的水面反射到天线的信号。另外，天线位置如果靠近垂直的金属平面会非常有害，因为金属是一个非常好的反射体。在一个反射平面上安装天线时，天线应安装在尽可能接近表面的位置。这样，反射性平面就会成为天线的一个平面增强器，而不会造成多路径现象。因为在一些多径环境下 C/N0 的调制频率是轻松可见的，用户可以通过观测一段时间的 C/N0 值来探测是否存在多路径情况。

2.5　差分 GPS（DGPS）

大概 20m 的水平精度并不能满足所有应用场合。举例来说，要测量混凝土坝接近于毫米级的移动，就需要很高的精度水平。原则上，除用户接收机之外，还需要使用一个参考接收机，它一般位于一个精确测量的参考点上（其坐标是已知的）。通过不断地将用户接收机和参考接收机比较，很多误差（甚至是 SA 误差，在激活状态下）是可以消除的。这是因为测量上的差异起作用，这种技术被称为差分 GPS（DGPS）。一个坐标精确已知的参考站点，测量所有可见 GPS 卫星的信号传递时间和这些可见卫星的伪距（实际值）。因为参考站点的位置是精确已知的，所以有可能估算每颗 GPS 卫星的真实距离（目标值）。真实值和测量伪距之间的差值可以通过简单的减法得到，并且能够给出修正值（真实值和目标值之间的差异）。每一颗 GPS 卫星的修正值是不同的，并且对几百千米半径内的用户是有效的。因为修正值可以在一个很大范围内使用，来修正测量的伪距，所以它通过合适的媒体（发报机、电话、电台等）无延迟地传播给其他 GPS 用户。接收修正值后，GPS 用户通过其测量的伪距可以得到更加精确的距离。这样，除了接收机的噪声和多路径误差（见 2.4.3 节），其他所有误差因素都能被消除了。2000 年 5 月 SA 误差被取消，DGPS 技术也失去了意义。现在，DGPS 的应用主要集中在勘测领域[56]。

第三章　GPS 接收机的电路设计

本书的第一部分就用到了真实的位置数据。因为 GPS 接收机的商业用途比较昂贵，所以生产了带有最基本组件的廉价的 GPS 接收机。这里用到了 uBlox 的 1Hz 采样频率的 GPS 接收模块。

3.1　GPS 接收机的特点

GPS 接收机由下列模块组成[57]：

（1）电源模块；

（2）天线模块；

（3）GPS 主机模块；

（4）通信模块。

电源模块将 240V 交流输入电压转化为 5V 直流电压，需要 uBlox MSIE 模块，MAX232 RS-232 驱动/接收芯片和 MAX3232 3.0 ~ 5.0V 的电平转换芯片。

天线模块由一块有源天线组成，它通过 SMA 连接器直接与 MSIE 连接。

GPS 主机模块由 uBlox MSIE GPS 接收单元组成，它被安装在一个与模块外形相适应的电路板上。

通信模块由 MAX232 RS-232 驱动/接收芯片、MAX3232 3.0 ~ 5.0V 电平转换芯片和 RS-232 电缆组成。

为了接收到良好的 GPS 信号，有源天线应被放置在户外。用 RS-232 电缆连接 PC 的任意串口和 GPS 接收机。因为 PC 的 RS-232 逻辑电平（逻辑 1，−12V，逻辑 0，+12V）和 MSIE 的 RS-232 逻辑电平（逻辑 1，+3V，逻辑 0，−3V）是不同的，所以需要使用 3~5V 的电平转换芯片 MAX3232 和 RS-232 驱动/接收芯片 MAX232。NMEA 数据可以利用任何串口终端软件读出来，比如 HyperTerminal。接收机的电路图以及接收机内部和外部的视图如图 3-1、图 3-2 所示。

GPS 接收机和计算机软件通过一个称为 NMEA 的标准协议通信。该协议包括基本数据（接收机的纬度、经度、高度、卫星位置等）。NMEA 数据是 ASCII 码，并且通过计算机的 RS-232 串口通信，其形式如下：

```
$GPGGA,134522.552,4056.8260,N,02728.9370,E,1,04,2.7,
48.8,M,,,,0000* 32
$GPGLL,4056.8260,N,02728.9370,E,1 34522.552,A* 3C
$GPGSA,A,3,07,24,04,26,,,,,,,,,5.4,2.7,4.6* 35
$GPGSV,3,1,11,30,75,OO 1,,16,43,303,,06,42,254,,07,
4 1,053,40* 78
$GPGSV,3,2,11,26,27,191,38,04,21,108,42,24,16,063,45,
09,16,163,* 7C
$GPGSV,3,3,11,23,15,238,,01,14,295,,21,14,183,* 43
$ GPRMC,134522.552,A,4056.8260,N,02728.9370,E,0.05,
333.78,150905,,* 0A
$GPVTG,333.78,T,,M,0.05,N,O.1,K* 68
$GPGGA,134523.552,4056.8260,N,02728.9370,E,1,04,2.7,
48.8,M,,,,0000* 33
$GPGLL,4056.8260,N,02728.9370,E,134523.552,A* 3D
$GPGSA,A,3,07,24,04,26,,,,,,,,,5.4,2.7,4.6* 35
$GPGSV,3,1,11,30,75,OO 1,,1 6,43,303,,06,42,254,,07,4
1,053,40* 78
$GPGSV,3,2,11,26,27,1 9 1,3 8,04,2 1,108,42,24,1 6,063,
45,09,1 6,1 63,* 7C
$GPGSV,3,3,11,23,15,23 8,,01,14,295,,21,14,183,* 43
$GPRMC,1 34523.552,A,4056.8260,N,02728.93 70,E,0.03,3 1
0.72,1 50905,,* 06
$GPVTG,3 1 0.72,T"M,O.03,N,O.1,K* 65
```

NMEA 协议完整详细的描述见文献[56]。

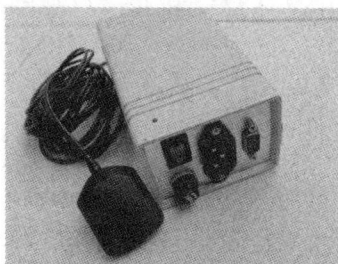

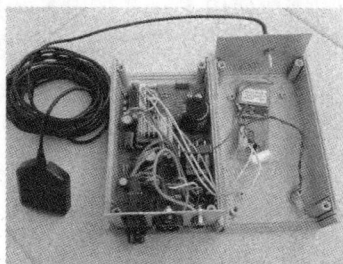

图 3 - 1　GPS 接收机外部图　　　　图 3 - 2　GPS 接收机内部图

第四章　卡尔曼滤波

4.1　线性离散卡尔曼滤波

卡尔曼滤波器由 R. Kalman 于 1959 年提出，主要用于状态估计。起初它被认为是现代控制理论的一个专题，但是后来就被认为是估计技术的最基本理论之一。随机参数的均方根估计是卡尔曼滤波器的基础。卡尔曼滤波器在现代得到了广泛应用，包括：航天器轨迹估计、武器发射系统、飞机和船舶，以及石油勘探、电源系统，甚至应用于农作物产量估计[40,55]。卡尔曼滤波器的最优准则为状态误差方差最小准则[40]。

4.2　卡尔曼滤波原理

卡尔曼滤波器被广泛应用于导航领域，该滤波器的工作方式为[54]：

（1）最小化测量误差，并获得更精确的测量值；

（2）混合的各种信息源；

（3）获得一个飞机不可测量的状态变量；

（4）对飞行器的噪声进行诊断。

考虑系统为离散线性动力学系统。状态方程描述了该系统的动力学特性，观测方程描述了系统的测量机制。线性系统用如下方程描述：

状态方程和观测方程分别为

$$x(k+1) = \boldsymbol{\phi}(k+1,k)x(k) + G(k+1,k)w(k) \quad (4.1)$$

$$z(k) = H(k)x(k) + v(k) \quad (4.2)$$

式中：$x(k)$ 为 n 维系统状态向量；$\boldsymbol{\phi}(k+1,k)$ 为 $n \times n$ 维的状态转移矩阵；$w(k)$ 为 r 维零均值高斯噪声向量（过程噪声），相关矩阵为 $E[w(k)wT(j)] = Q(k)\delta(kj)$ 注：Q 为矩阵，E 为对随机变量求期望，$\delta(kj)$ 为 Kroenecker 函数，即

$$\delta(kj) = \begin{cases} 1, & k = j \\ 0, & k \neq j \end{cases} \quad (4.3)$$

$G(k+1,k)$ 为 $n \times r$ 维系统噪声转移矩阵；$z(k)$ 为 s 维观测向量；$H(k)$ 为 $s \times n$ 维观测矩阵；$v(k)$ 为 s 维观测噪声向量，为零均值高斯噪声，且 $\boldsymbol{E}[w(k)v^{\mathrm{T}}(j)] = 0$。

过程噪声和量测噪声不相关。当根据观测向量序列 $z(k)$ 来估计系统状态向量时，就可以采用基于卡尔曼滤波器框架的线性滤波方法。线性离散系统状态向量的最优估计算法可以用下面的方程来描述：

估计方程为

$$\hat{x}(k/k) = \boldsymbol{\phi}(k,k-1)\hat{x}(k-1/k-1) + K(k)[z(k) - H(k)\boldsymbol{\phi}(k,k-1)\hat{x}(k-1/k-1)]$$

$$\hat{x}(k/k) = \hat{x}(k/k-1) + K(k)\tilde{z}(k/k-1)$$

$$(4.4)$$

其中 $K(k)$ 为卡尔曼滤波增益，且

$$K(k) = P(k/k)H^{\mathrm{T}}(k)R^{-1}(k)$$

$$K(k) = P(k/k-1)H^{\mathrm{T}}(k)[H(k)P(k/k-1)H^{\mathrm{T}}(k) + R(k)]^{-1}$$

$$(4.5)$$

卡尔曼滤波估计误差协方差矩阵为

$$P(k/k) = P(k/k-1) - P(k/k-1)H^{\mathrm{T}}(k) \cdot$$

$$[H(k)P(k/k-1)H^{\mathrm{T}} + R(k)]^{-1}H(k)P(k/k-1)$$

$$(4.6)$$

预测误差协方差矩阵为

$$P(k/k-1) = \phi(k,k-1)P(k-1/k-1) \cdot$$
$$\phi^{\mathrm{T}}(k,k-1)Q(k-1)G^{\mathrm{T}}(k,k-1) \qquad (4.7)$$

初始条件为

$$\hat{x}(0/0) = \overline{x(0)}$$
$$P(0/0) = P(0)$$

式(4.4)~式(4.7)所示的最优滤波算法称为卡尔曼滤波器。

下面关于 $K(k)$ 和 $P(k/k)$ 的等价形式在实际应用中是有效的:

$$K(k) = P(k/k)H^{\mathrm{T}}(k)R^{-1}(k)$$
$$P(k/k) = (I - K(k)H(k))P(k/k-1)$$
$$P(k/k) = [P^{-1}(k/k-1) + H^{\mathrm{T}}(k)R^{-1}(k)H(k)P(k/k-1)]^{-1}$$
$$P(k/k) = P^{-1}(k/k-1)[I + H^{\mathrm{T}}(k)R^{-1}(k)H(k)P(k/k-1)]^{-1}$$
$$(4.8)$$

式中: I 为单位矩阵。

$$\Delta(k) = z(k) - H(k)\hat{x}(k/k-1) \qquad (4.9)$$

式(4.9)称为新息过程,重新整理式(4.4)可得

$$\hat{x}(k/k) = \hat{x}(k/k-1) + K(k)\Delta(k) \qquad (4.10)$$

为了保证卡尔曼滤波器能够工作,需要预先知道初始条件 $x(0)$ 和 $P(0)$,还需要事先知道过程噪声协方差矩阵 $Q(k)$ 和量测噪声协方差矩阵 $R(k)$。

卡尔曼滤波器的结构示意图如图4-1所示。根据式(4.4)可知,估计值是预测值 $\hat{x}(k/k-1)$ 和误差校正值 $K(k)\tilde{z}(k/k-1)$ 的和。预测值是由系统转移矩阵与前一步的估计值相乘得到的。进而,由预测值得到新息。也就是说,卡尔曼滤波器以对估计值的更新为原则。

卡尔曼滤波器估计过程的时域示意图如图4-2所示。典型的卡尔曼滤波周期包括以下过程[54]:

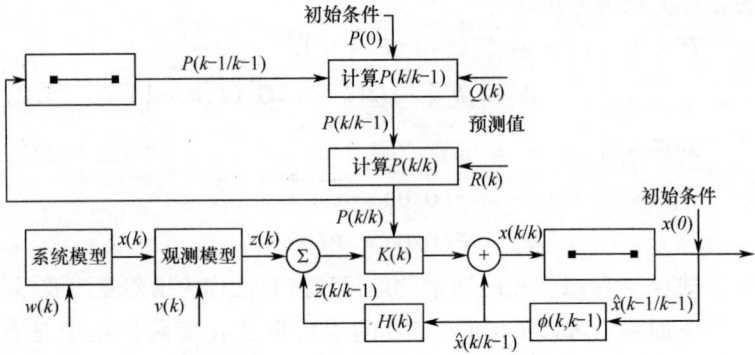

图 4 - 1　卡尔曼滤波器结构图[54]

（1）估计一步预测值，得到外推值 $\hat{x}(k/k-1)$；

（2）预测值 $\hat{x}(k/k-1)$ 左乘 $H(k)$，得到量测的估计值；

（3）求得量测值和预测的量测值之差（新息过程）为

$$\tilde{z}(k/k-1) = z(k) - H(k)\hat{x}(k/k-1)$$

（4）对 $\tilde{z}(k/k-1)$ 左乘 $K(k)$，并与 $\hat{x}(k/k-1)$ 相加，得到 $\hat{x}(k/k)$；

（5）保存估计值 $\hat{x}(k/k)$ 用于下一个循环，并重复整个计算流程。

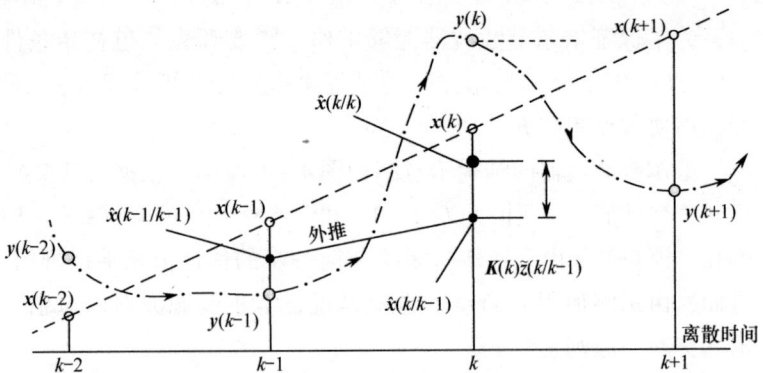

图 4 - 2　卡尔曼滤波器估计过程的时域示意图

卡尔曼滤波的主要特点如下：

（1）由卡尔曼滤波器获得的估计值比测量值更线性化；

（2）由于该滤波器是线性的，估计误差的协方差矩阵$P(k/k)$与量测值$z(k)$不相关，可以提前计算；

（3）当动力系统的数学模型准确时，滤波器算法可以很容易地在计算机上运行（因为计算机也是一个进行离散运算的设备）；

（4）对于稳定的时滞动力系统，卡尔曼滤波器和维纳滤波器一致；

（5）滤波算法可以很容易地应用于多维状态系统。

当系统的数学模型是未知的或时变的，就需要用到具有自适应能力的滤波器。自适应是参数识别或（和）系统模型识别的过程。如果方程是非线性方程时，在应用卡尔曼滤波器之前需要以一定的阶数对其进行线性化。

第五章　基于卡尔曼滤波的卫星距离法改进 GPS 位置数据

现在卫星导航系统被广泛地应用于确定物体在特定时刻的位置和速度。这个被广泛使用的卫星系统称为 NAVSTAR，由美国国防部控制。卫星可以传递两种编码：一种是 C/A 码，它对于民用是免费的；另外一种是 P 码，它需要特殊的解码电路系统来保证其可用性。美国国防部设计的 C/A 码使接收机的定位误差能达到 100m。GPS 的这种模式叫作选择可用性（SA）。民用用户可以应用很多方法来得到更高的精度，其中之一就是利用线性卡尔曼滤波技术。

5.1　卫星距离法

如果仅要得到目标的水平位置，那么有 3 颗可见卫星就足够了，而如果要在得到水平位置的同时得到垂直位置，则需要至少 4 颗卫星。

本节的研究中使用了真实的 GPS 数据，以及线性卡尔曼滤波器来改善定位精度。

将可见卫星的数量表示为 n，目标的笛卡儿坐标表示为 x，y，z，卫星的笛卡儿坐标为 x_i，y_i，z_i $(i = 1,2,\cdots,n)$，卫星到笛卡儿坐标系原点的距离表示为 L_i $(i = 1,2,\cdots,n)$，卫星到目标的距离为 D_i $(i = 1,2,\cdots,n)$，如图 5 – 1 所示。

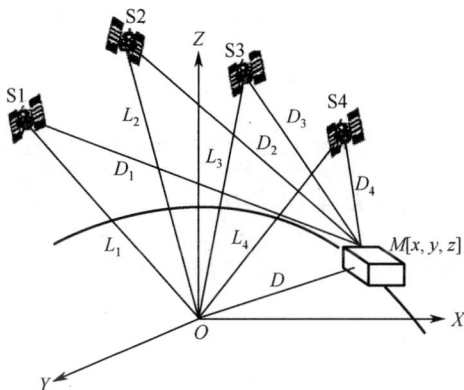

图 5-1 基于卫星距离的目标定位

目标到原点的距离为

$$D^2 = x^2 + y^2 + z^2 \tag{5.1}$$

可见卫星到原点的距离为

$$L_i^2 = x_i^2 + y_i^2 + z_i^2, \quad i = \overline{1,n} \tag{5.2}$$

目标到可见卫星的距离为

$$D_i = ((x_i - x)^2 + (y_i - y)^2 + (z_i - z)^2)^{1/2} + b, \quad i = \overline{1,n} \tag{5.3}$$

式中：x_i, y_i, z_i 为卫星的笛卡儿坐标；n 为可见卫星的数量；x, y, z 为目标的笛卡儿坐标；b 为信号从卫星到目标传递时的钟差。

将式 (5.3) 改写为

$$(x_i - x)^2 + (y_i - y)^2 + (z_i - z)^2 = (D_i - b - w_i)^2 \tag{5.4}$$

考虑式 (5.1) 和式 (5.2)，对式 (5.4) 进行必要的变换，可以得到下列方程：

$$D_i^2 + b^2 - 2D_i b = L_i^2 + D^2 - 2(x_i x + y_i y + z_i z) \tag{5.5}$$

将 $i = 1,2,3,4$ 的值分别代入式 (5.5) 中，按照如下顺序，从两边减去已得的方程：式 (5.1) 减去式 (5.2)；

式 (5.1) 减去式 (5.3)；式 (5.1) 减去式 (5.4)。经过

一系列数学变换后，得到了如下的方程组[58]：

$$
\begin{cases}
(x_1 - x_2)x + (y_1 - y_2)y + (z_1 - z_2)z + (D_2 - D_1)b \\
\quad = \dfrac{1}{2}(L_1^2 - L_2^2 + D_2^2 - D_1^2) \\
(x_1 - x_3)x + (y_1 - y_3)y + (z_1 - z_3)z + (D_3 - D_1)b \\
\quad = \dfrac{1}{2}(L_1^2 - L_3^2 + D_3^2 - D_1^2) \\
(x_1 - x_4)x + (y_1 - y_4)y + (z_1 - z_4)z + (D_4 - D_1)b \\
\quad = \dfrac{1}{2}(L_1^2 - L_4^2 + D_4^2 - D_1^2)
\end{cases}
\tag{5.6}
$$

如果将式（5.6）写成如下矩阵形式：

$$
\begin{cases}
A = \begin{bmatrix}
x_1 - x_2 & y_1 - y_2 & z_1 - z_2 & D_2 - D_1 \\
x_1 - x_3 & y_1 - y_3 & z_1 - z_3 & D_3 - D_1 \\
x_1 - x_4 & y_1 - y_4 & z_1 - z_4 & D_4 - D_1
\end{bmatrix} \\
X^{\mathrm{T}} = [x, y, z, b] \\
Z = \begin{bmatrix}
\dfrac{1}{2}(L_1^2 - L_2^2 + D_2^2 - D_1^2) \\
\dfrac{1}{2}(L_1^2 - L_3^2 + D_3^2 - D_1^2) \\
\dfrac{1}{2}(L_1^2 - L_4^2 + D_4^2 - D_1^2)
\end{bmatrix}
\end{cases}
\tag{5.7}
$$

式（5.7）和式（5.6）可以被表述为

$$
Z = AX + V \tag{5.8}
$$

统计学上，这个模型称为线性回归模型，其中 X 为未知向量（需要被估算），Z 为测量向量，A 为回归矩阵，V 为误差向量。

5.2 卡尔曼滤波器改进 GPS 测量数据

当形如式（4.4）的卡尔曼滤波器应用到式（5.8）的模型中时，可以得到如下的方程：

$$\hat{X}(k) = \hat{X}(k-1) + K(k)[Z(k) - A(k)\hat{X}(k-1)]$$
$$(5.9)$$

$$K(k) = P(k-1)A^{\mathrm{T}}(k)[A(k)P(k-1)A^{\mathrm{T}}(k+R(k))]^{-1}$$
$$(5.10)$$

$$P(k) = P(k-1) - P(k-1)A^{\mathrm{T}}(k) \times$$
$$[A(k)P(k-1)A^{\mathrm{T}}(k) + R(k)]^{-1}A(k)P(k-1)$$
$$(5.11)$$

式中：$K(k)$ 为增益矩阵；$P(k)$ 为估计误差的协方差矩阵。从式（5.9）~式（5.11）得到的卡尔曼滤波器是递推的，并且具有式估计（5.8）参数的能力。

5.3 试验结果

利用卡尔曼软件将真正的 GPS 信号输入到线性卡尔曼滤波器中，GPS 接收机以 NMEA 协议格式给出数据。接收机每秒钟输出一次采样。接收机给出了目标和可见卫星在大地坐标系中的位置。线性位置数据更便于应用到线性卡尔曼滤波器中，为了得到线性位置数据，接收机给出的卫星位置信息包括卫星的海拔高度和方位角信息（图 5-2）。

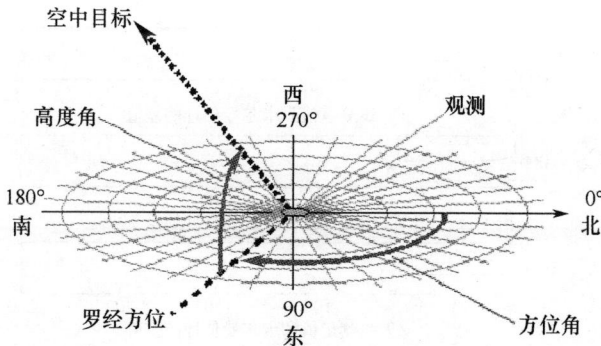

图 5-2 GPS 卫星高度和方位数据

大地坐标向笛卡儿坐标的转化方法见附录。

目标的实际位置是通过对一个固定位置的 1000 次采样后取平均值得到的。为了缩短 Matlab 的运行时间，将 NMEA 的输出保存为文本文件，并且在估计了卫星和目标位置的笛卡儿坐标后，将结果保存在 Matlab 的 . MAT 文件中。

4~7 颗卫星的结果引入到卡尔曼滤波器，然后所有的结果（4~7 颗卫星）融合在一起来得到一个逼真的观测环境（图 5 - 3、图 5 - 4、表 5 - 1）。结果的其余部分详见于附录。

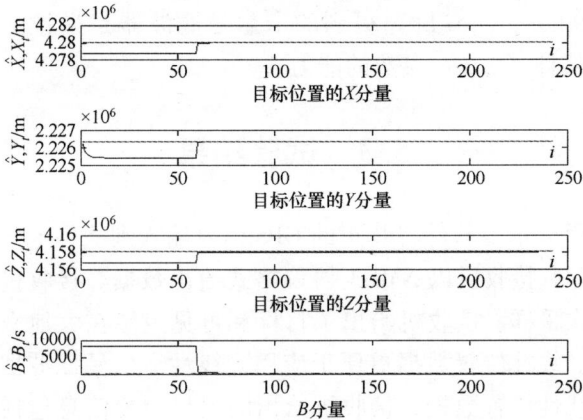

图 5 - 3   X，Y，Z 及 B 的真值和卡尔曼滤波器估计值

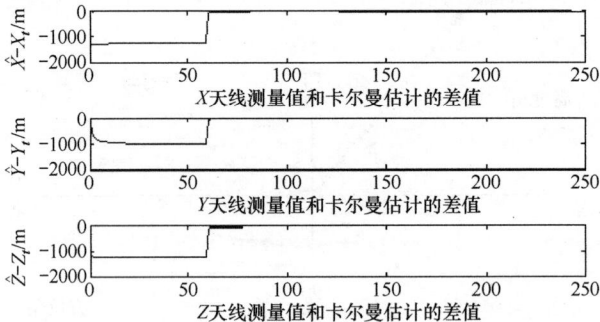

图 5 - 4   4 颗卫星可观测时位置的真实值与卡尔曼滤波器估计值的差

表 5-1 4 颗卫星可观测时 GPS 天线真实位置和
卡尔曼滤波器估计值之间的误差

测量值和估计步数	X 天线测量值和卡尔曼估计的差值/m	Y 天线测量值和卡尔曼估计的差值/m	Z 天线测量值和卡尔曼估计的差值/m	B 测量值和卡尔曼估计的差值/m
25	-1269,841228	-1013,074753	-1253,132272	8179,713509
50	-1268,960912	-1029,418904	-1253,682613	8177,68152
75	-49,44285928	-26,04021321	-47,27271735	311,443038
100	-39,03458884	-20,11396438	-36,75110531	241,639933
125	-33,9530401	-17,51551039	-31,64475325	207,6207473
150	-31,44829021	-16,5138203	-29,39043771	191,0214466
175	-30,56250737	-16,29183121	-28,26810379	183,7965579
200	-29,88738491	-16,0473993	-27,60171214	178,9570348
225	-25,55071167	-13,89752041	-24,16095077	155,0446965
243	-21,49465459	-11,52991577	-20,4289251	131,1651358

第六章 大气数据系统

大气数据系统能够提供气压高度、垂直速度、校正空速、真空速、马赫数、静态温度、空气密度比等大量信息（图 6 - 1）。这些信息对于飞行员安全驾驶是必要的，同时也是保证飞行员执行任务关键的航电系统所需要的。因此，它是独立航电系统的关键部分，成为了现代所有民用飞机和军用飞机航电系统核心子系统的一部分。本章简要介绍大气数据系统。

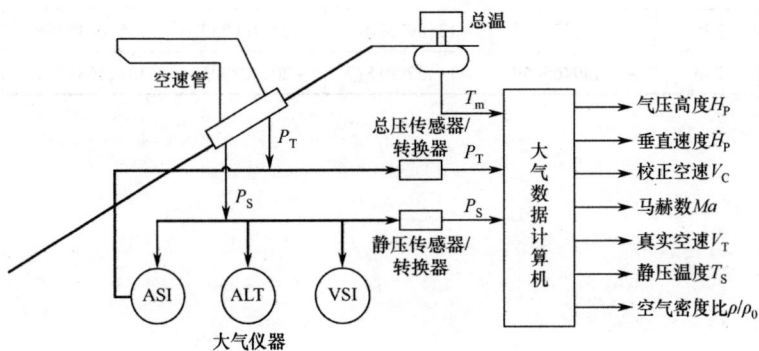

图 6 - 1 大气数据系统

6.1 大气数据测量

大气数据包括气压高度、垂直速度、校正空速、真空速、马赫数等，它们由 3 个基本的测量值得到，而这 3 个测量值由连接到空速管的传感器得到：

（1）总压（空速管压力）；

（2）静压；

（3）大气总温（指示的总温）。

总压 P_T 由直接面对气流的空速管上连接着的绝对压力传感器测量。动压 Q_C 是将气流减速到相对空速管静止的压力，它加上自由气流的静压 P_S 就是总压，表示为 $P_T = Q_C + P_S$。

自由气流的静压 P_S 通过绝对压力传感器测量得到，压力传感器连接到合适的孔口，这个孔口位于表面压力几乎与周围大气压力相同的位置。

高性能的军用飞机通常有一个组合在一起的动/静压空速管，它探出飞机的前方，以便尽可能减小空气动力的干扰影响，远离由飞机结构产生的冲击波。一些民用运输飞机上安装了带有独立静压孔的空速管探针，这些静压孔位于机身，通常在机首和机翼之间。静压孔（空速管或者探针）的精确位置由经验和试验来决定（图 6-2）。

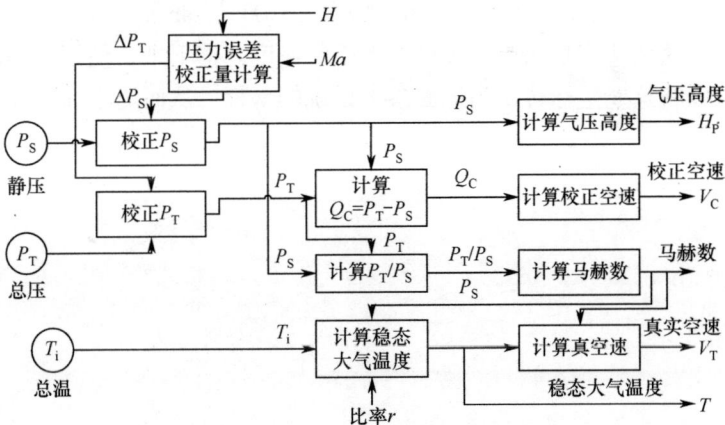

图 6-2 大气数据计算框图

从静压和总压的测量中可以得到以下的数值：

（1）气压高度 H_P ，它是在"标准大气"条件下由静压测量值 P_S 的计算得到的；

（2）垂直速度 $\dot{H}_P$ ，基本上由 P_S 的微分导出；

（3）校正空速 V_C ，它可以直接由动压 Q_C 导出，而动压又能通过总压和静压之差得到，$Q_C = P_T - P_S$ ；

（4）马赫数 Ma ，它是真实空速 V_T 和当地声速 A 之比，也就是 $Ma = V_T/A$ ，也可以直接由总压和静压的比例 P_T/P_S 导出（真实空速定义为飞机相对空气的速度）。

6.2　真实空速推导

从大气数据系统得到信息包括：真实空速 V_T ，攻角 α ，航向角 β 。使用这些数据可以得到真实空速在 x ，y ，z 方向上的分量[2]：

$$\begin{cases} V_x = V_T(1 + \tan^2\alpha + \tan^2\beta)^{-1/2} \\ V_y = V_T(1 + \tan^2\alpha + \tan^2\beta)^{-1/2}\tan\beta \\ V_z = V_T(1 + \tan^2\alpha + \tan^2\beta)^{-1/2}\tan\alpha \end{cases} \tag{6.1}$$

这些速度是相对于飞机参考系的速度。接下来，使用 AHRS 可以将这些坐标转换为地面参考系统的坐标，从而用于导航。

第七章 基于卡尔曼滤波的直升机大气数据系统和全球定位系统组合

速度数据对于飞机的飞行系统来说，是一个非常重要的参数，我们当然希望这些参数可以非常精确。导航和飞行管理需要这些速度数据。目前，有很多系统可以提供精确的速度数据，但是每一种速度数据都有其优点和不足。一些系统短时间内的速度数据精度不高，但是能够获得精确的长期速度数据，有些系统的采样率比期望的低。正因为如此，导航系统的组合变得十分必要。本章所介绍内容的目的就是要得到一个具有高测量频率和高精度的导航系统。基于这个目的，将采样频率高但速度精度低的大气数据系统和采样频率低但精度高的全球定位系统组合在一起。在卡尔曼滤波器中使用已知的系统动力学模型和统计数据，可以得到一个更加精确的组合导航系统。

7.1 组合导航系统

在组合导航系统中，多种传感器数据通过特定的方法结合在一起，来得到位置、速度和高度数据。对传感器系统进行组合已经成为改善单个传感器系统性能的必要措施。

在这部分工作中，我们将尝试解释如何利用滤波算法组合多个传感器的数据，来得到更精确可靠的导航系统。

一般情况下，根据系统复杂度的不同，导航系统会依赖于某些传感器数据。而这些传感器数据包括：

（1）大地坐标系下的位置和速度数据，可以用来确定地速的水平和垂直分量以及近似的航向角；

（2）偏航角、俯仰角、滚转角或者可能需要坐标转换的航向角；

（3）机体坐标系上的线加速度或角加速度；

（4）控制中需要的俯仰角、偏航角和空速。

因为传感器特点的不同，不可能单独使用一个传感器得到所有的状态变量。在多传感器组合导航系统中，任何独立的传感器都至少有以下一个特点：

（1）增加了时间上或者航行距离上的导航参数误差，这是所有基于航位推算的导航传感器（相对于多普勒系统）所共有的特点。

（2）输出变量的高噪声或窄带宽。这是无线电导航传感器的特点，这类传感器需要对时间求导数，来得到速率或者加速度数据。例如，在 LORAN 系统中，根据位置数据可以推导出速度数据。在多普勒系统中，对速度的推导给我们提供了加速度数据。在所有环境中，状态变量都被转换到大地坐标系中。

为了克服传感器单独使用时的缺陷，工程师们想出了一些办法来组合传感器。这些多传感器系统能够在各种飞行环境下，动态地提供高精度和高可靠的测量数据。

为了根据一个高精度传感器的测量数据，来改善噪声已知的传感器数据，使用了最优卡尔曼滤波器。为了减小误差，卡尔曼滤波器需要所观察系统的模型和误差特性。

7.2　组合方法

本研究的目的是利用基于最优卡尔曼滤波器的方法将两种导航资源集成在一起。这里将应用间接卡尔曼滤波器，换句话说，系统的误差估计将通过卡尔曼滤波器得到，而不是直接估计系统状态变量[59]。

如图 7-1 所示，组合导航系统将两种导航系统的优点集合在一起。通过该滤波器得到了以下优点：

（1）大气数据系统高采样频率的特点被应用在组合系统中。另一方面，GPS 比 ADS 具有更长的采样周期（1s）。利用空气速度和滤波后的随机误差，可以得到一个更精确的位置数据。

（2）利用真实空速和 GPS 速度之间的差值，可以得到风速的精确估计。

（3）在组合系统中，由风速向量引起的误差可以被滤除，它包含在大气数据系统的真实空速里。

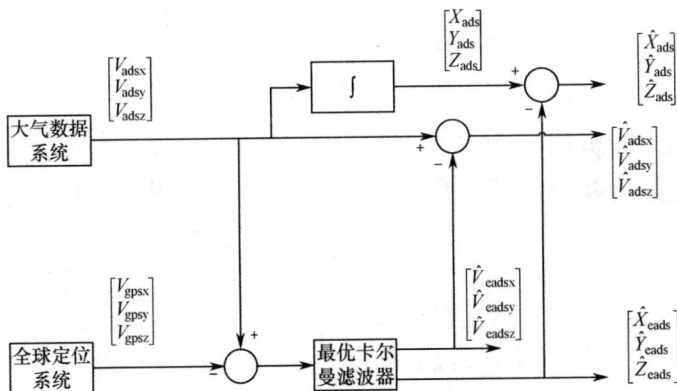

图 7 - 1 GPS 和 ADS 组合方案

7.3 卡尔曼滤波器的必要参数

如图 7 - 1 所示，每个导航系统所得速度的差值作为卡尔曼滤波器的输入，并且卡尔曼滤波器输出大气数据系统速度和位置误差的估计值。

该滤波过程所需的信息是系统误差模型和量测误差模型。带有所需参数的系统误差向量为

$$x = [X_{eads} \quad Y_{eads} \quad Z_{eads} \quad V_{eadsx} \quad V_{eadsy} \quad V_{eadsz}]^T \quad (7.1)$$

式中：X_{eads}，Y_{eads}，Z_{eads} 为大气数据系统的位置误差；V_{eadsx}，V_{eadsy}，V_{eadsz} 为大气数据系统的速度误差，这些变量都在笛卡儿

坐标系下。在大气数据系统中，真空速误差主要由风速造成。因此，选择如式（7.1）中所示的向量参数作为大气数据系统误差，其目的是为了得到相对较高的真空速误差，同样也可以得到风速的误差。

文献［44，54］中的迟滞过程不相关模型是指数相关函数，这种表达式是离散的矩阵形式，非常适用于仿真[60]。

$$
\begin{bmatrix}
X_{\text{eads}}(k+1) \\
Y_{\text{eads}}(k+1) \\
Z_{\text{eads}}(k+1) \\
V_{\text{eadsx}}(k+1) \\
V_{\text{eadsy}}(k+1) \\
V_{\text{eadsz}}(k+1)
\end{bmatrix}
=
\underbrace{\begin{bmatrix}
1 & 0 & 0 & T & 0 & 0 \\
0 & 1 & 0 & 0 & T & 0 \\
0 & 0 & 1 & 0 & 0 & T \\
0 & 0 & 0 & 1-\beta_{V_{\text{adsx}}}T & 0 & 0 \\
0 & 0 & 0 & 0 & 1-\beta_{V_{\text{sdsy}}}T & 0 \\
0 & 0 & 0 & 0 & 0 & 1-\beta_{V_{\text{adsz}}}T
\end{bmatrix}}_{\phi}
$$

$$
\begin{bmatrix}
X_{\text{eads}}(k) \\
Y_{\text{eads}}(k) \\
Z_{\text{eads}}(k) \\
V_{\text{eadsx}}(k) \\
V_{\text{eadsy}}(k) \\
V_{\text{eadsz}}(k)
\end{bmatrix}
\begin{bmatrix}
0 \\
0 \\
0 \\
\left(\beta_{V\text{adsx}}T - \dfrac{1}{2}\beta^2_{V\text{adsx}}T^2\right)\omega_{V_{\text{adsx}}} \\
\left(\beta_{V\text{adsy}}T - \dfrac{1}{2}\beta^2_{V\text{adsy}}T^2\right)\omega_{V_{\text{adsy}}} \\
\left(\beta_{V\text{adsz}}T - \dfrac{1}{2}\beta^2_{V\text{adsz}}T^2\right)\omega_{V_{\text{adsz}}}
\end{bmatrix}
$$

$$(7.2)$$

式中：$\beta_{V_{\text{eadsx}}}$，$\beta_{V_{\text{eadsy}}}$，$\beta_{V_{\text{eadsz}}}$ 为与真空速相关时间相反的参数；$\omega_{V_{\text{eadsx}}}$，$\omega_{V_{\text{eadsy}}}$，$\omega_{V_{\text{eadsz}}}$ 为符合高斯分布的大气数据系统速度测量噪声；T 为式（7.2）中的采样周期。

使用大气数据系统和 GPS 系统的速度差作为卡尔曼滤波器的观测向量，该观测向量可写为

$$z_1(k) = V_{\text{eadsx}} + v_{V_{\text{adsx}}} - v_{V_{\text{gpsx}}}$$

$$z_2(k) = V_{\text{eadsy}} + v_{V_{\text{adsy}}} - v_{V_{\text{gpsy}}}$$

$$z_3(k) = V_{\text{eadsz}} + v_{V_{\text{adsz}}} - v_{V_{\text{gpsz}}} \tag{7.3}$$

式中：V_{eadsx}，V_{eadsy}，V_{eadsz} 为大气数据系统中真空速测量误差；$v_{V_{\text{adsx}}}$，$v_{V_{\text{adsy}}}$，$v_{V_{\text{adsz}}}$ 和 $v_{V_{\text{gpsx}}}$，$v_{V_{\text{gpsy}}}$，$v_{V_{\text{gpsz}}}$ 为大气数据系统和 GPS 系统的速度测量噪声，也是零均值高斯噪声。换句话说，GPS 速度测量和大气数据系统所测真空速之间的差值给出了大气数据系统的速度误差和飞行时的风速。但是，该风速信息包含了两个系统的随机误差。大气数据系统中真空速的标准偏差为 2m/s，全球定位系统中速度的标准偏差为 $0.1\text{m/s}^{[1]}$。将式（7.3）写为矩阵形式：

$$
\begin{aligned}
z(k) &= \begin{bmatrix} z_1(k) \\ z_2(k) \\ z_3(k) \end{bmatrix} = \begin{bmatrix} V_{\text{ADSX}} - V_{\text{GPSX}} \\ V_{\text{ADSY}} - V_{\text{GPSY}} \\ V_{\text{ADSZ}} - V_{\text{GPSZ}} \end{bmatrix} \\
&= \underbrace{\begin{bmatrix} 0 & 0 & 0 & 1 & 0 & 0 \\ 0 & 0 & 0 & 0 & 1 & 0 \\ 0 & 0 & 0 & 0 & 0 & 1 \end{bmatrix}}_{H(k)} x(k) + \begin{bmatrix} v_{V_x} \\ v_{V_y} \\ v_{V_z} \end{bmatrix}
\end{aligned}
\tag{7.4}
$$

为了得到大气数据系统的真实误差值，以便用于仿真，需要用到的系统误差模型为

$$x_g(k+1) = \phi(k+1,k)x_g(k) \tag{7.5}$$

根据初始值求解式（7.5）[1] 可以得到真实误差值。ϕ 为系统误差模型的传递矩阵，如式（7.2），描述了系统误差的更新。真实误差值的系统误差向量为

$$x = [X_{\text{eg}} \quad Y_{\text{eg}} \quad Z_{\text{eg}} \quad V_{\text{egx}} \quad V_{\text{egy}} \quad V_{\text{egz}}]^{\text{T}} \tag{7.6}$$

如图 7.1 所示，卡尔曼滤波器的输出给出了大气数据系统的速度误差估计值，即风速估计值 $\hat{V}_{\text{eadsx}}$，$\hat{V}_{\text{eadsy}}$，$\hat{V}_{\text{eadsz}}$，同时也可以得到位置误差的估计值 $\hat{V}_{\text{eads}}$，$\hat{Y}_{\text{eads}}$，$\hat{Z}_{\text{eads}}$。从测量的大气数据系统的速度值中减去这些误差值，得到了估计的飞行速度 $\hat{V}_{\text{adsx}}$，

---

① 原著为式（7.8）。

$\hat{V}_{\text{adsy}}$，$\hat{V}_{\text{adsz}}$。从测量的集成真空速中减去卡尔曼滤波器估计的位置误差，可以得到位置的估计值 $\hat{X}_{\text{ads}}$，$\hat{Y}_{\text{ads}}$，$\hat{Z}_{\text{ads}}$。那么，地面速度的估计值可以写为

$$\hat{V}_{\text{adsx}} = V_{\text{adsx}} - \hat{V}_{\text{eadsx}}$$
$$\hat{V}_{\text{adsy}} = V_{\text{adsy}} - \hat{V}_{\text{eadsy}} \qquad (7.7)$$
$$\hat{V}_{\text{adsz}} = V_{\text{adsz}} - \hat{V}_{\text{eadsz}}$$

位置的估计值为

$$\hat{X}_{\text{ads}} = \int V_{\text{adsx}} \mathrm{d}t - \hat{X}_{\text{eads}}$$
$$\hat{Y}_{\text{ads}} = \int V_{\text{adsy}} \mathrm{d}t - \hat{Y}_{\text{eads}} \qquad (7.8)$$
$$\hat{Z}_{\text{ads}} = \int V_{\text{adsz}} \mathrm{d}t - \hat{Z}_{\text{eads}}$$

上式中的真空速 V_{eadsx}，V_{eadsy}，V_{eadsz} 可以根据下式得到：

$$V_{\text{adsx}} = V_x - V_{\text{egpsx}} + \sigma_{V_{\text{adsx}}} \text{randn}$$
$$V_{\text{adsy}} = V_y - V_{\text{egpsy}} + \sigma_{V_{\text{adsy}}} \text{randn} \qquad (7.9)$$
$$V_{\text{adsz}} = V_z - V_{\text{egpsz}} + \sigma_{V_{\text{adsz}}} \text{randn}$$

式中：V_x，V_y，V_z 为从飞行仿真得到的速度值；V_{egpsx}，V_{egpsy}，V_{egpsz} 为根据系统误差模型得到的真空速误差（风速）；$\sigma_{V_{\text{adsx}}}$，$\sigma_{V_{\text{adsy}}}$，$\sigma_{V_{\text{adsz}}}$ 为真空速随机误差的方差；randn 为高斯噪声。

GPS 测量值的仿真是通过将高斯分布噪声和 GPS 速度误差偏差的乘积与飞行仿真得到的速度（可以认为是真实的飞行速度）相加得到的：

$$V_{\text{gpsx}} = V_x + \sigma_{V_{\text{gpsx}}} \text{randn}$$
$$V_{\text{gpsy}} = V_y + \sigma_{V_{\text{gpsy}}} \text{randn} \qquad (7.10)$$
$$V_{\text{gpsz}} = V_z + \sigma_{V_{\text{gpsz}}} \text{randn}$$

式（7.4）的测量转移矩阵可以写为

$$\boldsymbol{H} = \begin{bmatrix} 0 & 0 & 0 & 1 & 0 & 0 \\ 0 & 0 & 0 & 0 & 1 & 0 \\ 0 & 0 & 0 & 0 & 0 & 1 \end{bmatrix} \tag{7.11}$$

因为系统误差值包含速度误差，位置误差是由速度误差引起的，所以噪声的转移矩阵可以写为

$$\boldsymbol{G} = \begin{bmatrix} 0 & 0 & 0 \\ 0 & 0 & 0 \\ 0 & 0 & 0 \\ 1 & 0 & 0 \\ 0 & 1 & 0 \\ 0 & 0 & 1 \end{bmatrix} \tag{7.12}$$

噪声相关矩阵 $\boldsymbol{Q}_k$ 和测量误差相关矩阵 $\boldsymbol{R}_k$ 可以写为

$$\boldsymbol{Q}(k) = \begin{bmatrix} 0.001 & 0 & 0 \\ 0 & 0.001 & 0 \\ 0 & 0 & 0.001 \end{bmatrix} \tag{7.13}$$

$$\boldsymbol{R}(k) = \begin{bmatrix} \sigma_{V_{\mathrm{adsx}}}^2 + \sigma_{V_{\mathrm{gpsx}}}^2 & 0 & 0 \\ 0 & \sigma_{V_{\mathrm{adsy}}}^2 + \sigma_{V_{\mathrm{gpsy}}}^2 & 0 \\ 0 & 0 & \sigma_{V_{\mathrm{adsz}}}^2 + \sigma_{V_{\mathrm{gpsz}}}^2 \end{bmatrix} \tag{7.14}$$

如式（7.14）所示，测量误差相关矩阵是一个对角矩阵，对角线元素是大气数据系统的随机测量变量与 GPS 的随机测量变量相加得到的。

7.4　基于 KF 的 ADS/GPS 组合导航系统在直升机中的应用

在之前的方法中利用了大气数据系统得到的速度测量值和全球定位系统速度测量值的差值，在这种情况下假设 GPS 数据更加精确，所以认为这种差异是大气数据系统的速度误差，然后将 3 维的速度误差向量作为最优卡尔曼滤波器的输入，对速

度信息积分得到位置信息。

　　我们生产并使用的 GPS 接收机提供了位置信息和速度信息。大气数据系统仅向我们提供了飞行器的空气速度，该信息是通过对空速管传感器的信息处理后得到的。

　　接下来介绍的方法中，在一开始就对大气数据系统的速度信息进行积分以得到大气数据系统的位置。两个导航系统的位置和速度信息的差值作为卡尔曼滤波器的状态向量（图 7-2）。

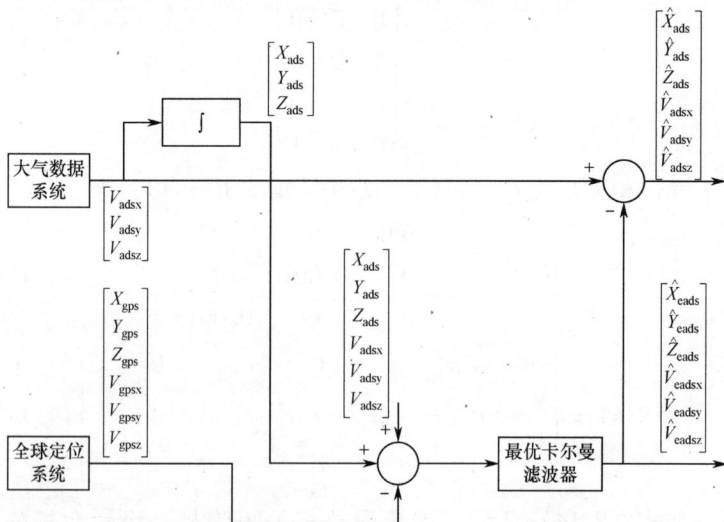

图 7-2　同时使用位置和速度误差的 GPS/ADS 组合方案

　　使用大气数据系统和 GPS 的速度之差作为卡尔曼滤波器中的测量观测向量，该观测向量可以写为

$$z_1(k) = X_{eads} + v_{X_{ads}} - v_{X_{gps}}$$
$$z_2(k) = Y_{eads} + v_{Y_{ads}} - v_{Y_{gps}}$$
$$z_3(k) = Z_{eads} + v_{Z_{ads}} - v_{Z_{gps}}$$
$$z_4(k) = V_{eadsx} + v_{V_{adsx}} - v_{V_{gpsx}}$$
$$z_5(k) = V_{eadsy} + v_{V_{adsy}} - v_{V_{gpsy}}$$
$$z_6(k) = V_{eadsz} + v_{V_{adsz}} - v_{V_{gpsz}}$$

$$(7.15)$$

式中：V_{eadsx}，V_{eadsy}，V_{eadsz} 为大气数据系统的真空速误差同时也是风速。大气数据系统和 GPS 系统的零均值高斯噪声分别为 $v_{V_{\text{adsx}}}$，$v_{V_{\text{adsy}}}$，$v_{V_{\text{adsz}}}$ 和 $v_{V_{\text{gpsx}}}$，$v_{V_{\text{gpsy}}}$，$v_{V_{\text{gpsz}}}$。即，GPS 测量的速度和大气数据系统测量的真空速度之间的差值给出了大气数据系统的速度误差和飞行时的风速。但是，这种风速信息中包含了两个系统的随机噪声。大气数据系统真空速的标准偏差为 $2\,\text{m/s}$，而全球定位系统所测速度的标准偏差为 $0.1\,\text{m/s}$。将式（7.15）写为

$$z(k) = \begin{bmatrix} z_1(k) \\ z_2(k) \\ z_3(k) \\ z_4(k) \\ z_5(k) \\ z_6(k) \end{bmatrix} = \begin{bmatrix} X_{\text{ads}} - X_{\text{gps}} \\ Y_{\text{ads}} - Y_{\text{gps}} \\ Z_{\text{ads}} - Z_{\text{gps}} \\ V_{\text{adsx}} - V_{\text{gpsx}} \\ V_{\text{adsy}} - V_{\text{gpsy}} \\ V_{\text{adsz}} - V_{\text{gpsz}} \end{bmatrix} = \underbrace{\begin{bmatrix} 1 & 0 & 0 & 0 & 0 & 0 \\ 0 & 1 & 0 & 0 & 0 & 0 \\ 0 & 0 & 1 & 0 & 0 & 0 \\ 0 & 0 & 0 & 1 & 0 & 0 \\ 0 & 0 & 0 & 0 & 1 & 0 \\ 0 & 0 & 0 & 0 & 0 & 1 \end{bmatrix}}_{H(k)} x(k) + \begin{bmatrix} v_X \\ v_Y \\ v_Z \\ v_{Vx} \\ v_{Vy} \\ v_{Vz} \end{bmatrix}$$

$$(7.16)$$

在这种方法中，由于同时考虑位置和速度，测量矩阵变为 6×6 的单位矩阵。

$$H = \begin{bmatrix} 1 & 0 & 0 & 0 & 0 & 0 \\ 0 & 1 & 0 & 0 & 0 & 0 \\ 0 & 0 & 1 & 0 & 0 & 0 \\ 0 & 0 & 0 & 1 & 0 & 0 \\ 0 & 0 & 0 & 0 & 1 & 0 \\ 0 & 0 & 0 & 0 & 0 & 1 \end{bmatrix} \qquad (7.17)$$

因为系统噪声包括速度误差和位置误差，噪声的传递矩阵可以写为

$$G = \begin{bmatrix} 1 & 0 & 0 & 0 & 0 & 0 \\ 0 & 1 & 0 & 0 & 0 & 0 \\ 0 & 0 & 1 & 0 & 0 & 0 \\ 0 & 0 & 0 & 1 & 0 & 0 \\ 0 & 0 & 0 & 0 & 1 & 0 \\ 0 & 0 & 0 & 0 & 0 & 1 \end{bmatrix} \qquad (7.18)$$

噪声相关矩阵 $\boldsymbol{Q}_k(k)$ 和测量误差相关矩阵 $\boldsymbol{R}_k(k)$ 可以写为

$$\boldsymbol{Q}(k)=\begin{bmatrix} 0.001 & 0 & 0 & 0 & 0 & 0 \\ 0 & 0.001 & 0 & 0 & 0 & 0 \\ 0 & 0 & 0.001 & 0 & 0 & 0 \\ 0 & 0 & 0 & 0.001 & 0 & 0 \\ 0 & 0 & 0 & 0 & 0.001 & 0 \\ 0 & 0 & 0 & 0 & 0 & 0.001 \end{bmatrix} \quad (7.19)$$

量测噪声相关矩阵的前 3 个对角元素是通过大气数据系统位置误差的平方加上全球定位系统的位置误差的平方得到的，即

$$\boldsymbol{R}(k)=\begin{bmatrix} \sigma_{X_{ads}}^2+\sigma_{X_{gps}}^2 & 0 & 0 & 0 & 0 & 0 \\ 0 & \sigma_{Y_{ads}}^2+\sigma_{Y_{gps}}^2 & 0 & 0 & 0 & 0 \\ 0 & 0 & \sigma_{Z_{ads}}^2+\sigma_{Z_{gps}}^2 & 0 & 0 & 0 \\ 0 & 0 & 0 & \sigma_{V_{adsx}}^2+\sigma_{V_{gpsx}}^2 & 0 & 0 \\ 0 & 0 & 0 & 0 & \sigma_{V_{adsy}}^2+\sigma_{V_{gpsy}}^2 & 0 \\ 0 & 0 & 0 & 0 & 0 & \sigma_{V_{adsz}}^2+\sigma_{V_{gpsz}}^2 \end{bmatrix}$$

$$(7.20)$$

7.5 仿真

➤ 7.5.1 飞行仿真参数

应用于飞行动态仿真的运动方程为[61]

$$\begin{aligned} \dot{\boldsymbol{x}} &= \boldsymbol{A}\boldsymbol{x}+\boldsymbol{B}\boldsymbol{u} \\ \boldsymbol{y} &= \boldsymbol{C}\boldsymbol{x}+\boldsymbol{D}\boldsymbol{u} \end{aligned} \quad (7.21)$$

式中：$\boldsymbol{x}$ 为系统状态向量；$\boldsymbol{y}$ 为所谓的输出向量；$\boldsymbol{u}$ 为输入向量或控制向量；$\boldsymbol{C}$ 为输出矩阵；$\boldsymbol{D}$ 为前馈矩阵。

将纵向和横向上的动态飞行运动方程组合成一个单独的矩阵形式，得

$$A = \begin{bmatrix} -0.07 & -0.017 & 16.62 & -18.4 & 0.001 & -1 & 0.02 & -0.07 & 0 & 0 & 0 \\ 0.04 & -0.65 & 0.14 & -1.39 & -0.04 & 0.07 & -0.33 & -0.03 & 0 & 0 & 0 \\ 0.01 & 0.007 & -2.72 & -2.22 & 0.0002 & 0.15 & -0.001 & -0.04 & 0 & 0 & 0 \\ 0 & 0 & 1 & 0 & 0 & 0 & 0 & 0 & 0 & 0 & 0 \\ -0.007 & -0.006 & -0.97 & 0.005 & -0.14 & -6.91 & 22.3 & 3.76 & 0 & 0 & 0 \\ -0.0006 & 0.003 & -0.81 & 0.001 & -0.014 & -4.56 & -6.26 & 0.63 & 0 & 0 & 0 \\ 0 & 0 & 0 & 0 & 0 & 1 & 0 & 0 & 0 & 0 & 0 \\ 0.007 & 0.015 & -0.55 & 0.0001 & 0.014 & -1.03 & -0.92 & -3.68 & 0 & 0 & 0 \\ 1 & 0 & 0 & 0 & 0 & 0 & 0 & 0 & 0 & 0 & 0 \\ 0 & 0 & 0 & 0 & U0 & 0 & 0 & 0 & 0 & 0 & 0 \\ 0 & 1 & 0 & 0 & 0 & 0 & 0 & 0 & 0 & 0 & 0 \end{bmatrix} \tag{7.22}$$

$$B = \begin{bmatrix} -2.2 & 0.54 & 0 & 0.0001 \\ -0.01 & -12.1 & -314.45 & 0 \\ 0.36 & -0.003 & -0.01 & 0.008 \\ 0 & 0 & 0 & 0 \\ -0.034 & -0.17 & 1.18 & -1 \\ 0.093 & -0.098 & 1.09 & -0.25 \\ 0 & 0 & 0 & 0 \\ 0.25 & 0.04 & 0.04 & 0.73 \\ 0 & 0 & 0 & 0 \\ 0 & 0 & 0 & 0 \\ 0 & 0 & 0 & 0 \end{bmatrix} \tag{7.23}$$

包含飞行状态变量的状态向量为

$$x = \begin{bmatrix} u & w & q & \theta & \beta & p & \phi & r & X & Y & X \end{bmatrix}^T \tag{7.24}$$

式中：u 为 X 方向上的飞行速度（m/s）；w 为 Z 方向上的飞行速度（m/s）；q 为俯仰角速度（(°)/s）；θ 为俯仰角(°)；β 为航向角(°)；ϕ 为滚转角(°)；p 为滚转角速度((°)/s)；r 为航向角速度((°)/s)。

利用式（7.21）~式（7.24）能够计算状态向量值的改变。上述方程都是连续形式，而在仿真中将用到如下离散形式：

$$\boldsymbol{x}(k+1) = \boldsymbol{A}(k)\boldsymbol{x}(k) + \boldsymbol{B}(k)\boldsymbol{u}(k) \tag{7.25}$$

输出方程中的矩阵 $\boldsymbol{C}$ 为一个 11×11 的单位矩阵，矩阵 $\boldsymbol{D}$ 假设为零矩阵。

真空速在 x,y,z 方向上的标准差为[1,44]

$$\sigma_{V_{adsx}} = 2\mathrm{m/s}, \ \sigma_{V_{adsy}} = 2\mathrm{m/s}, \ \sigma_{V_{adsz}} = 2\mathrm{m/s}$$

GPS 在 x,y,z 方向上速度的标准差为[1]

$$\sigma_{V_{gpsx}} = 0.1\mathrm{m/s}, \ \sigma_{V_{gpsy}} = 0.1\mathrm{m/s}, \ \sigma_{V_{gpsz}} = 0.1\mathrm{m/s}$$

大气数据系统在 x,y,z 方向上速度的相关时间和它们的倒数为[44,54]

$$\tau c_{V_x} = 600\mathrm{s}, \ \tau c_{V_y} = 600\mathrm{s}, \ \tau c_{V_z} = 600\mathrm{s}$$

$$\beta_{V_x} = 1/600\mathrm{s}^{-1}, \ \beta_{V_y} = 1/600\mathrm{s}^{-1}, \beta_{V_z} = 1/600\mathrm{s}^{-1}$$

仿真中的采样时间设定为 $T = 0.001\mathrm{s}$。

离散形式的系统转移矩阵为

$$\boldsymbol{\phi}(k+1,k) = \begin{bmatrix} 1 & 0 & 0 & 0.001 & 0 & 0 \\ 0 & 1 & 0 & 0 & 0.001 & 0 \\ 0 & 0 & 1 & 0 & 0 & 0.001 \\ 0 & 0 & 0 & 1 & 0 & 0 \\ 0 & 0 & 0 & 0 & 1 & 0 \\ 0 & 0 & 0 & 0 & 0 & 1 \end{bmatrix}$$

协方差矩阵初始值为

$$\boldsymbol{P}(0) = \begin{bmatrix} 100 & 0 & 0 & 0 & 0 & 0 \\ 0 & 100 & 0 & 0 & 0 & 0 \\ 0 & 0 & 100 & 0 & 0 & 0 \\ 0 & 0 & 0 & 10 & 0 & 0 \\ 0 & 0 & 0 & 0 & 10 & 0 \\ 0 & 0 & 0 & 0 & 0 & 10 \end{bmatrix}$$

真实误差模型的误差向量初始值为

$$x(0,0) = \begin{bmatrix} 0.1 & 0.1 & 0.1 & 7 & 5 & 1.7 \end{bmatrix}^{\mathrm{T}}$$

卡尔曼滤波器误差模型的误差向量初始值为

$$x(0,0) = \begin{bmatrix} 0.1 & 0.1 & 0.1 & 12 & 7 & 5 \end{bmatrix}^{\mathrm{T}}$$

▶ 7.5.2 仿真结果

由最优卡尔曼滤波器得到的所有状态变量的位置和速度估计值与真实的误差值非常接近。所有的迭代运算均保持收敛，说明卡尔曼滤波器工作正常。两个测量系统的位置和速度测量值相减，并被应用到卡尔曼滤波器中，因此卡尔曼滤波器能够计算得到大气数据系统的位置误差和速度误差。该过程中不包含很小的 GPS 误差。卡尔曼滤波器在提供真实空气速度误差的同时，也提供了风速。在图 7 - 3 和图 7 - 7 的 X 方向空速误差图中，给出了真空速误差和估计的空速误差，可以发现估计的空速误差与真实的空速误差很接近。由卡尔曼滤波器计算的风速误差约为 0.2m/s，相对于含噪声的测量值来说已经非常好了。图 7 - 4 和图 7 - 8 为 X 方向上的新息过程。图 7 - 5 和图 7 - 9 为由协方差矩阵 $P(K/K)$ 对角元素得到的误差估计值的方差。图 7 - 6 和图 7 - 10 为 X 方向上大气数据系统的位置和速度误差的估计值和真实值。在这些图中，误差的估计值和真实值的差值会随着时间的推移而减小，同时，可以看到相关的协方差也在减小。其他图片和表格可以在附录中查看。

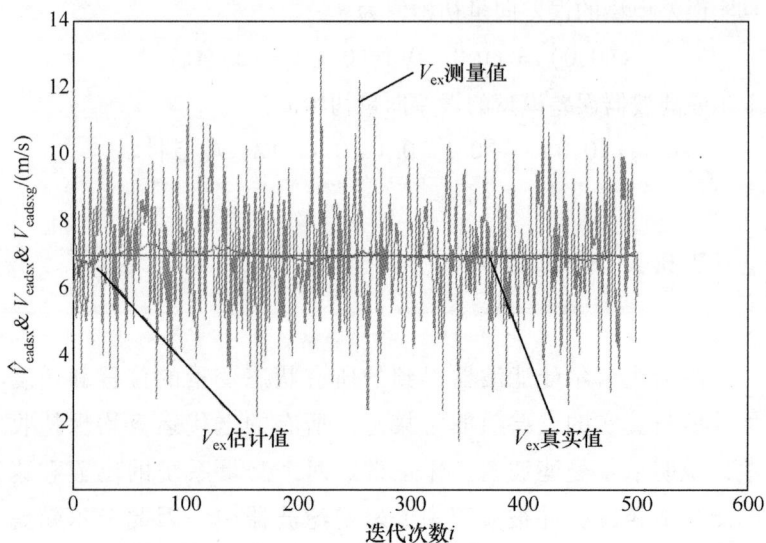

图 7 - 3   风速误差测量值 V_{eadsx}、真实值和估计值

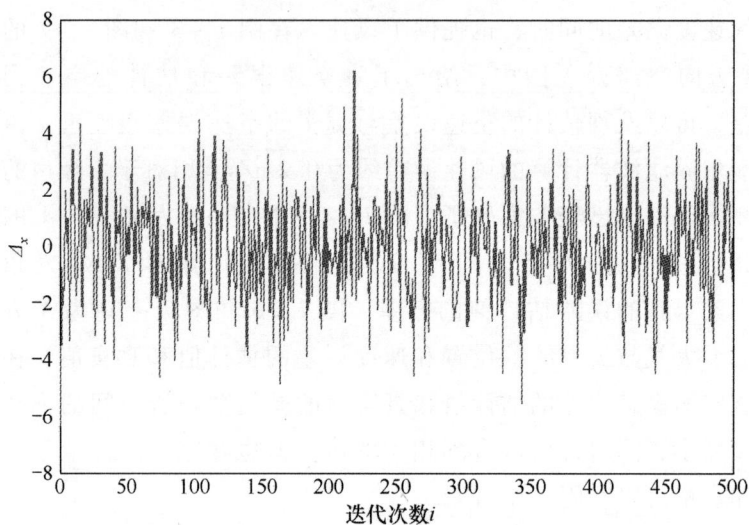

图 7 - 4   风速 V_{eadsx} 的新息

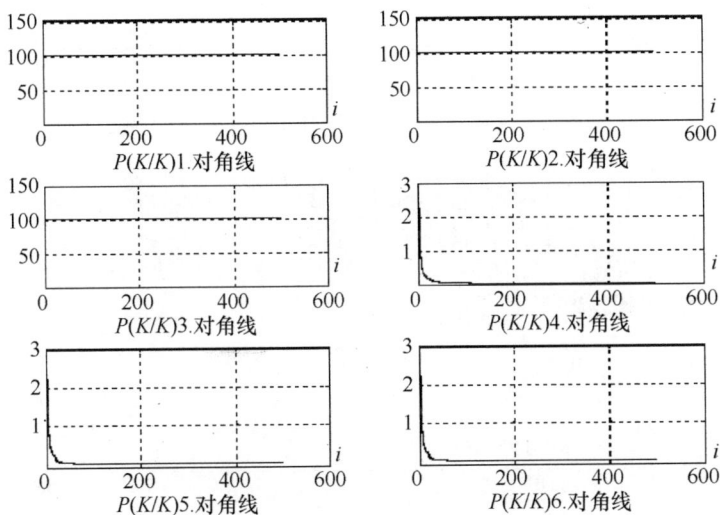

图 7 - 5 大气数据速度和位置的方差

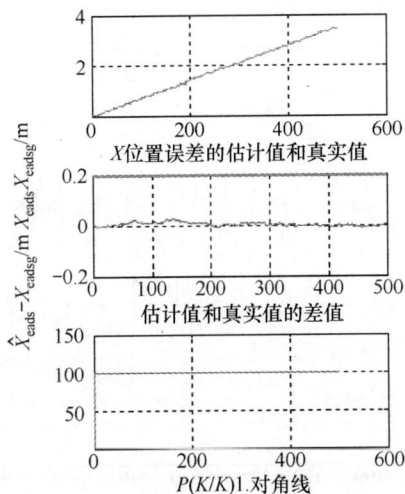

图 7 - 6 X 位置估计误差、绝对误差和 P（K/K）的对角线第一个元素

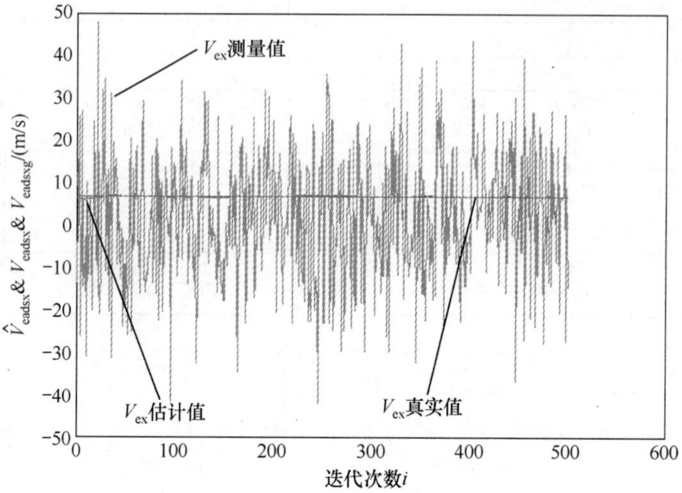

图 7-7 包含位置和速度误差时风速误差测量值 V_{eadsx}、真实值和估计值

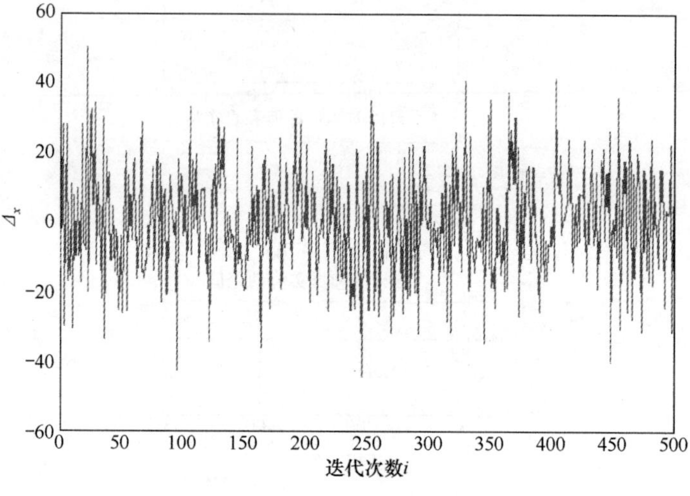

图 7-8 KF 中使用位置和速度误差时风速 V_{eadsx} 的新息

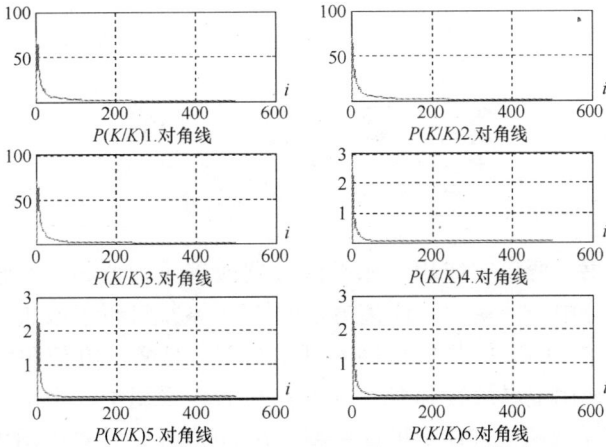

图 7-9 KF 中使用位置和速度误差时位置和速度的方差

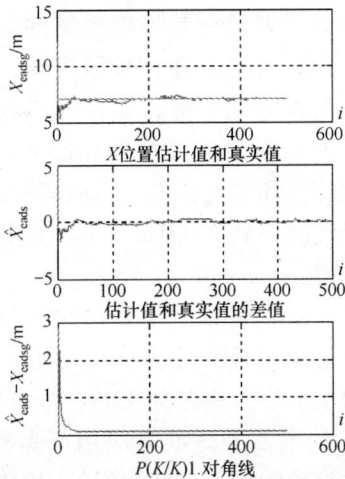

图 7-10 包含位置和速度误差时 X 位置误差估计值、
真实值和 P（K/K）的对角线第一个元素

在运行 MATLAB 代码后[62-64]，得到了以下的组合结果。此
处给出了一部分仿真图，剩下的仿真图和 MALAB 代码可参见附
录部分。

第八章 结 论

本书主要研究应用卡尔曼滤波器改善飞行器导航系统。在第一部分中，使用卫星距离方法对 GPS 系统进行了改进。在这一部分中，GPS 接收机提供了可用的卫星位置、方位角和海拔高度。使用卫星位置和 GPS 接收机位置，采用了一个基于卫星和 GPS 接收机之间距离的新模型。在 2000 年，针对民用用户的 SA 限制被取消，使得位置误差从 100m 缩小到 30m。在本书中，我们成功地将位置误差缩小到 1m 以下。

在第二部分中，主要目标是导航系统的集成，组合导航系统具有两个导航系统的优点，在该项研究中，我们将大气数据系统和全球定位系统组合在一起，其中大气数据系统具有低精度和高采样频率，而 GPS 具有高精度和低采样频率。应用卡尔曼滤波器来最小化速度和位置误差。将风速误差减小到 0.1m/s，相关的位置误差已经减小到 0.001m 左右。所得的位置值能够与真实位置值保持接近。

在第一部分中，我们借助卫星和接收机的位置信息，应用卡尔曼滤波器来改进商用 GPS 接收机的位置输出。

GPS 接收机的水平位置偏差为 13m，垂直位置偏差为 22m。将基于卫星距离法的卡尔曼滤波器应用于真实 GPS 测量值后，水平位置偏差和垂直位置偏差都减小到 1m 以内。

本书使用真实的 GPS 接收机数据，而非仿真数据。这意味着什么呢？在仿真中，零均值高斯噪声会被加入到观测向量中。但是我们却使用原本的测量数据，使得这项研究可以实时应用。

在第二部分中，我们基于最优卡尔曼滤波器，将大气数据系统和全球定位系统这两个导航系统组合在一起。大气数据系统具有高采样频率，但较低的速度测量精度。另一方面，GPS具有低采样频率（1Hz），但相比大气数据系统更好的位置和速度精度。

因为GPS系统依赖于卫星，所以不能仅仅依靠GPS。而大气数据系统不依赖于任何外部系统，所以可以一直信任它的数据。但是大气数据系统的速度误差是巨大的，且不能用于航位推算定位。通过将GPS和ADS组合到一起，就完成了对大气数据系统的校准。这样就可以单独使用大气数据系统来进行航位推算（DR）定位。

这种组合能够提供ADS空速误差即为风速。GPS速度和ADS的空速数据相减后应用于卡尔曼滤波器中，这一过程可以提供高精度的风速。

如果首先对GPS测量数据应用基于卡尔曼滤波器的卫星距离法，那么基于卡尔曼滤波器的ADS和GPS的组合性能可以大大改善。

附　　录

附录 A　GPS 位置的坐标变换

A.1　ECEF 坐标系统

GPS 中使用的笛卡儿参考坐标系称为地心固联坐标系（Earth Centered Earth Fixed，ECEF）。ECEF 使用三维坐标参数（单位是 m）来描述一个 GPS 使用者和卫星的位置。"Earth Centered" 的说法源于坐标轴的原点（0，0，0）位于地球重心（通过年复一年跟踪卫星的轨道确定）。"Earth Fixed" 的说法表明坐标轴被固定在地球上（也就是说，它们和地球一起旋转）。Z 轴指向北极，XY 轴决定了赤道平面。ECEF 坐标系是与地图表示相关的参考系统（图 A-1）。

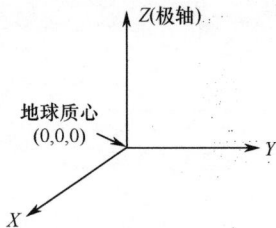

图 A-1　ECEF 坐标系

因为地球有一个复杂的形状，所以可用一个简单精确的方法来近似估计地球的形状。应用参考椭球可以将 ECEF 坐标系转换到一个更常用的基于经度、纬度、高度（LLA）的大地坐标系。大地坐标系可以转化到第二个被称为"墨卡托投影（Mercator Projections）"的参考投影中，将更小的区域投影到一个平的投影表面（即通用墨卡托方法（UTM），或者美国地质调查局网格系统（USGS Grid 系统）

一个参考椭圆可以用定义其形状的一系列参数来描述，包括长半轴（a）、短半轴（b）、第一偏心率（e）以及第二偏心率（e'），如图 A-2 所示。根据要用的公式，需要椭球扁率（f）。

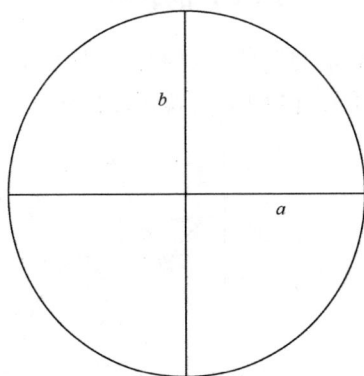

图 A-2　椭圆参数

WGS84 参数为

$$a = 6378137$$
$$b = a(1-f)$$
$$= 6356752.31424518$$
$$f = \frac{1}{298.257223563}$$
$$e = \sqrt{\frac{a^2 - b^2}{a^2}}$$
$$e' = \sqrt{\frac{a^2 - b^2}{a^2}}$$

为了全球应用，GPS 使用的大地参考（数据）是 World Geodetic System 1984 （WGS84）。该椭圆的圆心与 ECEF 的圆心一致。X 轴指向格林威治子午线（经度为 0°），XY 平面为赤道平面（纬度为 0°）。高度是指距离球体表面的垂直距离（与平均海平面不同）。

A.2 ECEF 坐标系统与当地切向平面（LIA）的转换

▶ A.2.1 LIA 到 ECEF 的转换

两个参考坐标系的转化可以利用封闭公式（尽管仍然存在迭代方法）。从 LLA 到 ECEF 的转化过程如下（图 A-3）：

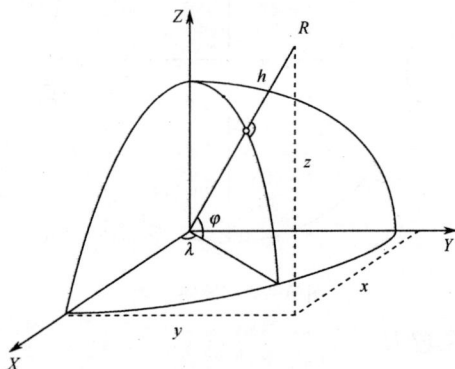

图 A-3 ECEF 和参考球面

$$X = (N + h)\cos\varphi\cos\lambda$$
$$Y = (N + h)\cos\varphi\cos\lambda$$
$$Z = \left(\frac{b^2}{a^2}N + h\right)\sin\varphi$$

式中：φ 为纬度；

λ 为经度；

h 为离椭球面高度（m）；

N 为曲率半径（m），定义为 $N = \dfrac{\alpha}{\sqrt{1-e^2\sin^2\varphi}}$。

A. 2. 2 ECEF 到 LLA 的转换

XYZ 与 LLA 之间的变换会稍显复杂，但是利用以下方法之一就能得到。

通过对 φ 和 h 的迭代，以 $h_0 = 0$ 为初始值，能够在 $h \ll N$ 时快速收敛：

$$\lambda = \arctan \frac{Y}{X}$$

从 $h_0 = 0$ 开始迭代时：

$$\varphi_0 = \arctan \frac{Z}{p(1 - e^2)}$$

迭代 φ 和 h：

$$N_i = \frac{a}{\sqrt{1 - e^2 \sin^2 \varphi_i}}$$

$$h_{i+1} = \frac{p}{\cos \varphi_i} - N_i$$

$$\varphi_{i+1} = \arctan \frac{Z}{p\left(1 - e^2 \dfrac{N_i}{N_i + h_{i+1}}\right)}$$

或者通过封闭公式集：

$$\lambda = \arctan \frac{Y}{X}$$

$$\varphi = \arctan \frac{Z + e'^2 b \sin^3 \theta}{p - e^2 a \cos^3 \theta}$$

$$h = \frac{p}{\cos \varphi} - N$$

其中，辅助值为

$$p = \sqrt{X^2 + Y^2}$$

$$\theta = \arctan \frac{Za}{pb}$$

在 Matlab 程序中应用这些公式，将大地测量坐标系转化到笛卡儿坐标系。

附录 B　基于卡尔曼滤波器的卫星距离法改进 GPS 测量

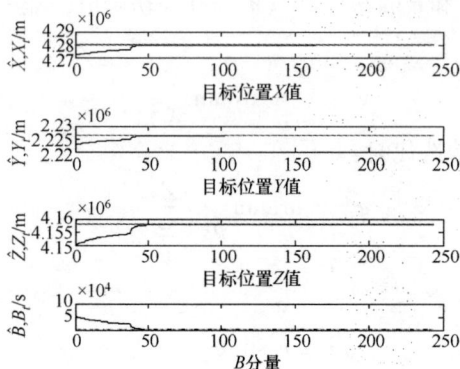

图 B-1　5 颗观测卫星情况下卡尔曼滤波器的估计位置和真实位置

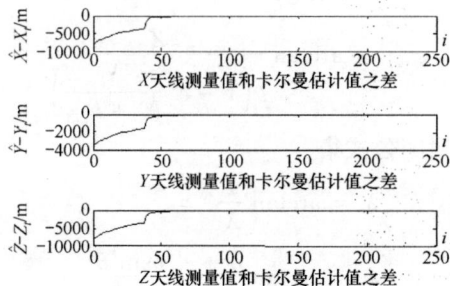

图 B-2　5 颗观测卫星情况下卡尔曼滤波器估计位置和真实位置之差

表 B-1　5 颗卫星可观测时 GPS 天线真实位置和
卡尔曼滤波器估计值之间的误差

测量和估计步数	X 的天线测量值和卡尔曼滤波估计值之差/m	Y 的天线测量值和卡尔曼滤波估计值之差/m	Z 的天线测量值和卡尔曼滤波估计值之差/m	B 的天线测量值和卡尔曼滤波估计值之差/m
25	-4439,35167	-1932,070249	-4364,031015	28641,37807

（续表）

测量和估计步数	X 的天线测量值和卡尔曼滤波估计值之差/m	Y 的天线测量值和卡尔曼滤波估计值之差/m	Z 的天线测量值和卡尔曼滤波估计值之差/m	B 的天线测量值和卡尔曼滤波估计值之差/m
50	− 319,6159012	− 145,9814209	− 311.6724678	2050,306843
75	− 145,5934063	− 69,3381855	− 140,9877117	928,7425761
100	− 103,2305258	− 50,11396674	− 100,1289447	658,0049075
125	− 81,24488288	− 39,73814207	− 78,9452241	518,0714969
150	− 66,8360742	− 32,37786122	− 64,32686736	424,4260759
175	− 57,11415349	− 27,70094086	− 54,27409373	361,0254804
200	− 46,41709258	− 23,01504207	− 43,80404146	291,3991832
225	− 37,81616545	− 19,32981168	− 34,56994251	231,7171072
243	− 34,43456373	− 17,90688821	− 31,91062942	211,6295776

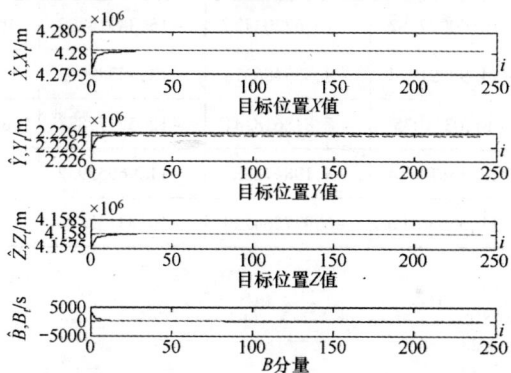

图 B-3　6 颗观测卫星情况下卡尔曼滤波器的估计位置和真实位置

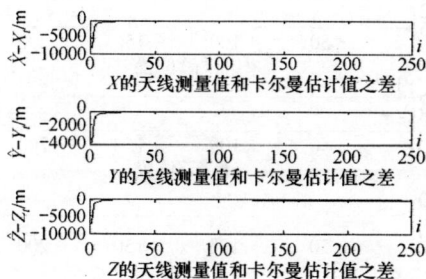

图 B-4　卡尔曼滤波器估计位置和真实位置之差

表 B-2　6 颗卫星可观测时 GPS 天线真实位置和
卡尔曼滤波器估计值之间的误差

测量和估计步数	X 的天线测量值和卡尔曼滤波估计值之差/m	Y 的天线测量值和卡尔曼滤波估计值之差/m	Z 的天线测量值和卡尔曼滤波估计值之差/m	B 的天线测量值和卡尔曼滤波估计值之差/m
25	-178,6348441	-109,7886098	-159,472809	1075,765286
50	-89,75302234	-55,45229172	-79,63259908	539,9658352
75	-60,07493213	-37,187903	-53,08343156	360,9997072
100	-32,97872188	-20,20448423	-29,55368643	201,4848464
125	-22,26694095	-13,78739485	-19,8840676	136,6262247
150	-16,90097582	-10,67203725	-15,38914232	105,0260338
175	-14,99991924	-9,535486318	-13,48389053	92,9162827
200	-14,0311075	-8,818678141	-12,57977888	86,7040766
225	-13,13614814	-8,198472583	-11,96953952	81,6212689
243	-11,38656196	-6,977264259	-10,33150866	70,42244851

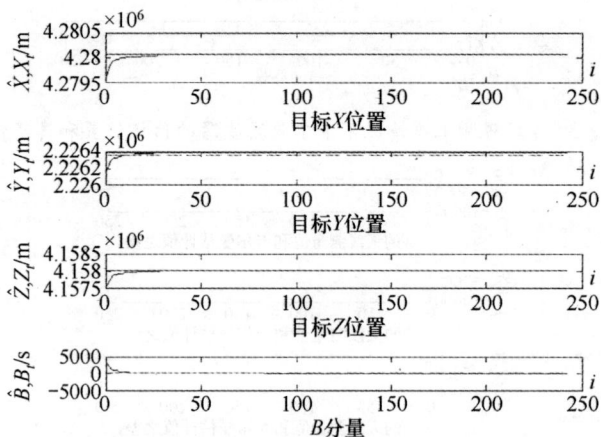

图 B-5　7 颗观测卫星情况下卡尔曼滤波器的估计位置和真实位置

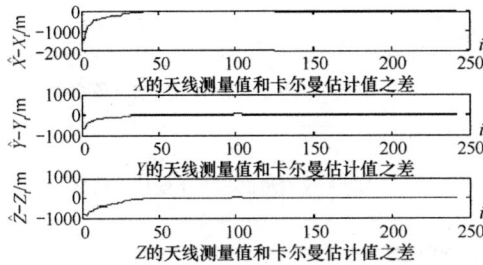

图 B-6 卡尔曼滤波器估计位置和真实位置之差

表 B-3 7 颗卫星可观测时 GPS 天线真实位置和
卡尔曼滤波器估计值之间的误差

测量和估计步数	X 的天线测量值和卡尔曼滤波估计值之差/m	Y 的天线测量值和卡尔曼滤波估计值之差/m	Z 的天线测量值和卡尔曼滤波估计值之差/m	B 的天线测量值和卡尔曼滤波估计值之差/m
25	-215,9961755	-111,668397	-251,3051388	1437,62403
50	-29,09952811	-12,80134375	-25,08473151	158,1809065
75	-11,06433589	-3,525764063	-6,679339756	46,06807497
100	-3,872332451	0,207228072	0,362009077	2,17523459
125	-6,627905249	-1,916122854	-4,769329359	29,22011131
150	-5,574963753	-1,38390216	-4,068171558	24,08904827
175	-4,659145107	-0,936278349	-3,390197835	19,30851283
200	-3,900109275	-0,993837318	-2,833785953	16,22428303
225	-3,46313896	-0,884336954	-2,479580691	14,30375516
243	-3,053213263	-0,737634358	-2,354576274	12,84939859

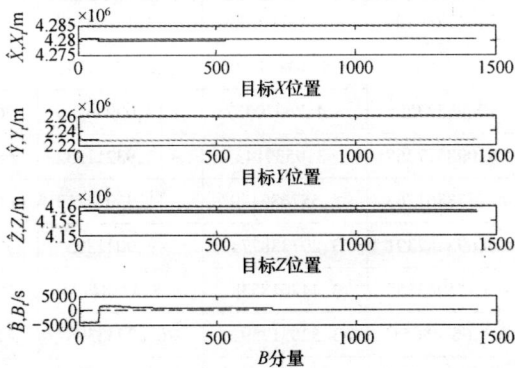

图 B-7 4、5、6、7 颗卫星情况下位置信息结合后的卡尔曼估计位置和真实位置

图 B-8　4、5、6、7 颗卫星情况下位置信息结合后的
卡尔曼滤波器估计位置和真实位置之差

表 B-4　所有卫星(4、5、6、7)数据集成时 GPS 天线
真实位置值与卡尔曼滤波器估计值之间的误差

测量和估计步数	X 的天线测量值和卡尔曼滤波估计值之差/m	Y 的天线测量值和卡尔曼滤波估计值之差/m	Z 的天线测量值和卡尔曼滤波估计值之差/m	B 的天线测量值和卡尔曼滤波估计值之差/m
25	643,6077328	776,5461802	509,2433207	-4332,785935
50	652,6042493	746,8148699	519,2724124	-4335,081005
75	-25,73025432	-1,412786801	-21,10361587	126,8489388
100	-29,1680491	-5,069891888	-22,94198794	146,7388841
125	-28,8014433	-4,915589162	-22,509767	144,2163803
150	-28,22286204	-4,577101909	-23,11063348	143,7082989
175	-14,97260297	-4,409709095	-16,18427292	91,99055107
200	-10,96523555	-4,26920337	-14,09986745	76,27631289
225	-9,098317268	-3,95391433	-12,93211352	68,14814695
250	-7,378861263	2,557685429	-11,35933113	65,54782149
275	-6,693482391	3,297238774	-9,9041395	57,98362251
300	-5,321963855	3,442618538	-8,43884724	50,27975988
325	-3,66248051	3,528319593	-6,827533987	41,57352206
350	-2,026167475	3,710972563	-5,280719575	32,68454347

（续表）

测量和估计步数	X 的天线测量值和卡尔曼滤波估计值之差/m	Y 的天线测量值和卡尔曼滤波估计值之差/m	Z 的天线测量值和卡尔曼滤波估计值之差/m	B 的天线测量值和卡尔曼滤波估计值之差/m
375	0,61067956	4,459246141	− 3,024331763	17,56469003
400	3,485843155	5,384097786	− 0,054242133	− 0,861675135
425	5,869663994	6,191622673	2,218115909	− 15,6682618
450	6,282746604	5,810288848	2,142851283	− 16,89450396
475	1,456545501	− 3,576937537	4,892308702	− 6,76518614
500	2,831589144	− 2,584658416	6,005263641	− 16,36809738
525	2,961979841	− 2,126394621	6,144747237	− 18,34707163
550	2,803333388	− 1,818218411	5,834799766	− 17.80975041
575	2,926111952	− 1,540862	5,303837927	− 17,37247978
600	2,976308405	− 1,306513138	4,849420483	− 17,00220022
625	2,214326191	− 1,232419827	5,220828514	− 16,40948172
650	1,793440719	− 1,362190335	5,228795473	− 15,43874316
675	1,338450816	− 1,464352122	5,210611533	− 13,90636573
700	1,035726178	− 1,777194065	5,199590989	− 12,16243754
725	5,890928189	− 3,884288515	5,778718047	− 3,782464631
750	3,022743442	− 5,278886755	3,24778571	12,15285352
775	0,437845611	− 6,542861502	1,220240492	25,78406318
800	− 1,686240984	− 7,602179076	− 0,585741486	37,10321282
825	− 3,455033328	− 8,697923091	− 2,065218292	46,31298621
850	− 4,987591988	− 9,660573311	− 3,575061828	54,98054513
875	− 6,322759295	− 10,66661003	− 4,975637268	63,03986885
900	− 7,515623467	− 11,25970054	− 6,193390351	69,77527466
925	− 8,58089957	− 11,7792177	− 7,276777337	75,77757192
950	− 9,372854731	− 12,15018191	− 8,324622391	80,77924424
975	− 13,81172647	− 11.55166549	− 2,736571332	76,60758448

（续表）

测量和估计步数	X 的天线测量值和卡尔曼滤波估计值之差/m	Y 的天线测量值和卡尔曼滤波估计值之差/m	Z 的天线测量值和卡尔曼滤波估计值之差/m	B 的天线测量值和卡尔曼滤波估计值之差/m
1000	-13,13469526	-11,18490484	-2,897551776	74,05411542
1025	-11,37197108	-10,10451074	-2,100061782	64,79965896
1050	-9,776839291	-9,14684044	-1,45351205	56,67027507
1075	-8,613574169	-8,131922527	-0,852153506	49,8512121
1100	-8,774130133	-8,074320464	-1,71347059	52,36305435
1125	-9,043275656	-7,934400198	-2,34943308	54,44131468
1150	-9,188518381	-7,898926529	-2,907497331	56,11820593
1175	-8,329334566	-7,177605208	-2,459275771	51,37712516
1200	-6,344605329	-5,384727032	-2,702005679	43,66813543
1225	-4,946113754	-4,61049363	-1,647386314	35,34677333
1250	-3,388190811	-3,761800412	-0,717762685	26,82135902
1275	-2,163163174	-3,247772327	0,087247587	20,10768216
1300	-1,153035107	-2,848265339	0,43208433	15,48952259
1325	-0,683062344	-2,573722094	0,252755735	14,12379786
1350	-0,388188777	-2,395743185	0,17197079	13,13398849
1375	-0,293965218	-2,32811294	0,161580736	12,67645523
1400	-0,455788023	-2,718421783	-0,195891	14,47920727
1425	-0,612256254	-2,787919672	-0,660000482	16,10806904

附录 C 基于卡尔曼滤波的 ADS/GPS 组合导航系统

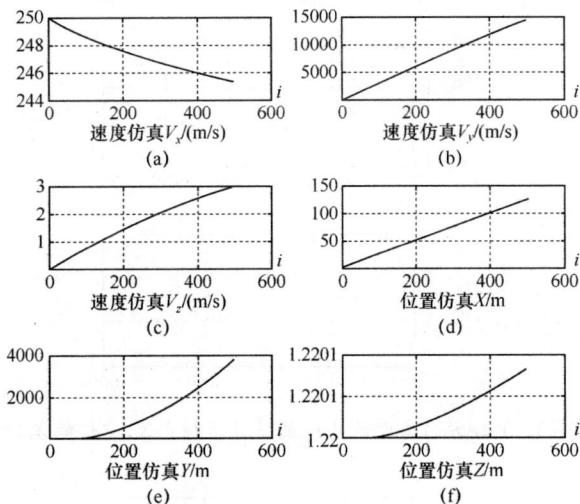

图 C-1

速度仿真 V_x/(m/s)
(a)

速度仿真 V_y/(m/s)
(b)

速度仿真 V_z/(m/s)
(c)

位置仿真 X/m
(d)

位置仿真 Y/m
(e)

位置仿真 Z/m
(f)

图 C-1 速度(a,b,c)和位置(d,e,f)仿真

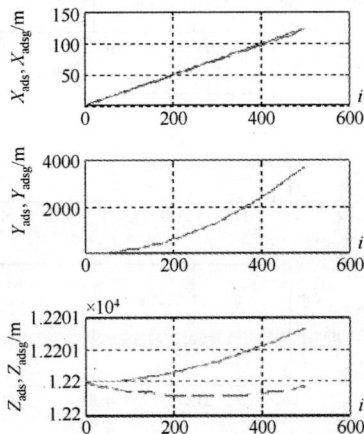

图 C-2 大气数据系统计算出的位置和真实位置(短画线)

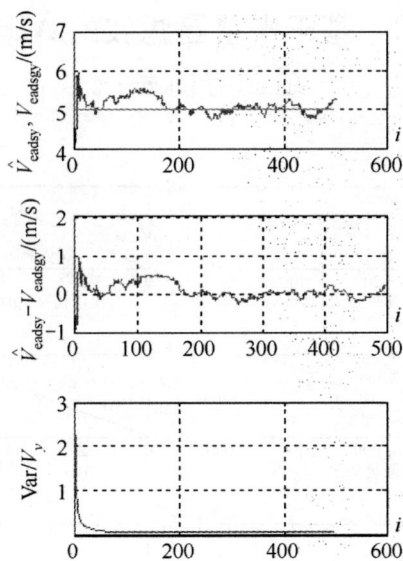

图 C-3　Y 轴方向速度误差 v_y 的估计值和真值,它们的差和方差

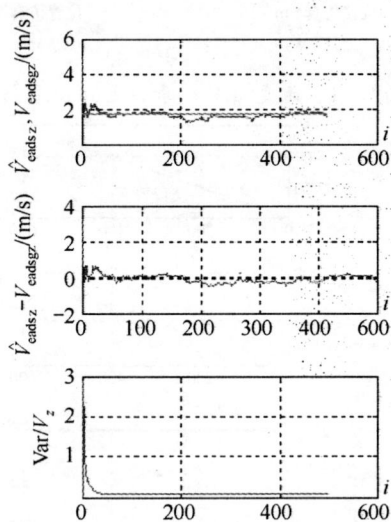

图 C-4　Z 轴方向速度误差 v_z 的估计值和真值,它们的差和方差

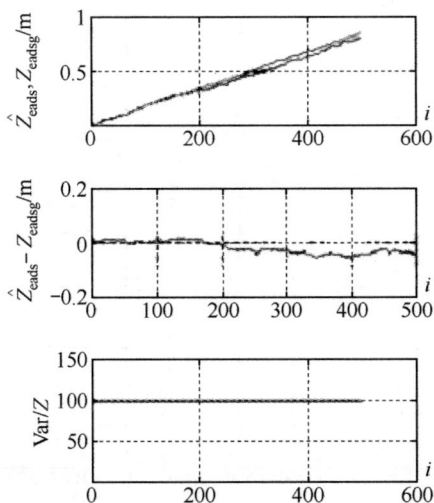

图 C-5　Z 轴方向位置误差的估计值和真值,它们的差和方差

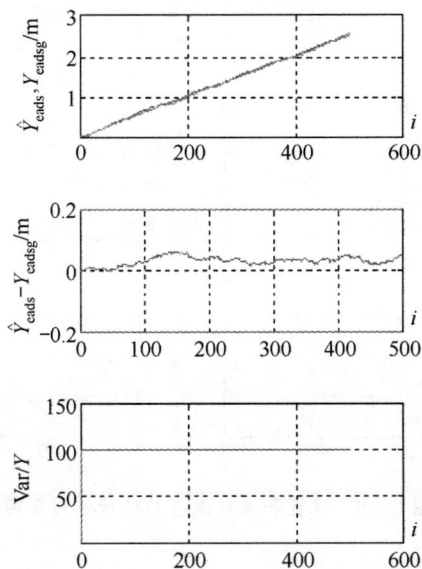

图 C-6　Y 轴方向位置误差的估计值和真值,它们的差和方差

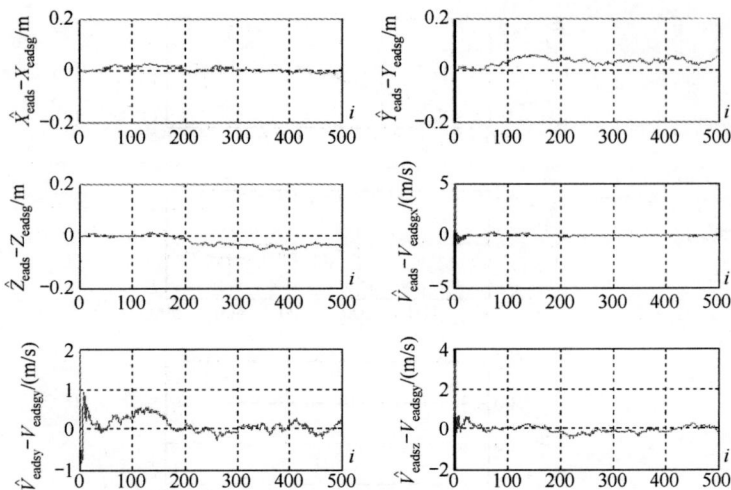

图 C-7 位置和速度误差的估计值与真实值之差

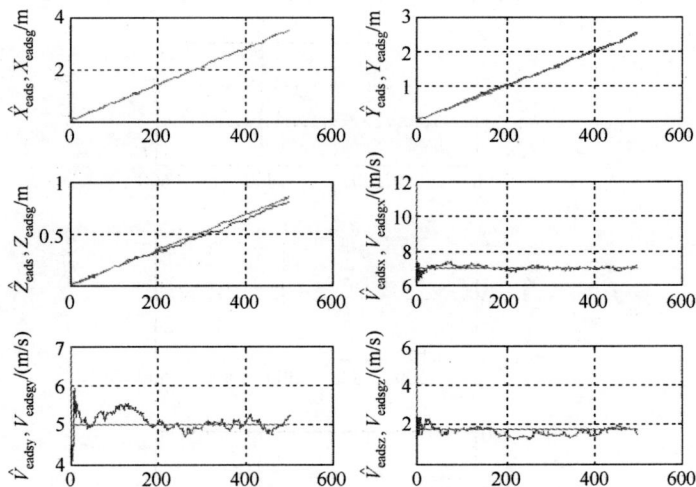

图 C-8 位置和速度误差的估计值与真实值

附录 D 同时应用位置和速度时的基于卡尔曼滤波 ADS 和 GPS 组合导航

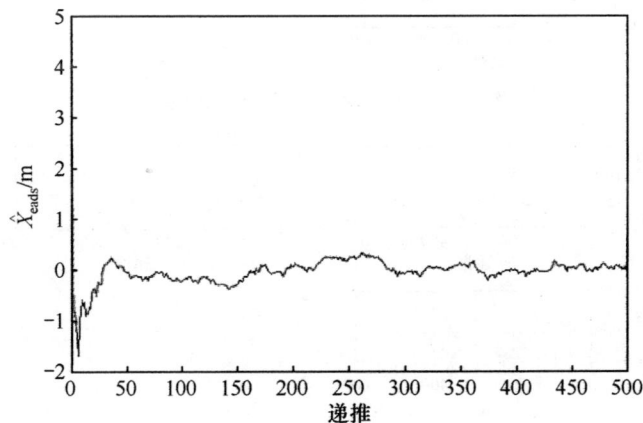

图 D-1 X 方向上 ADS 空速的误差估计

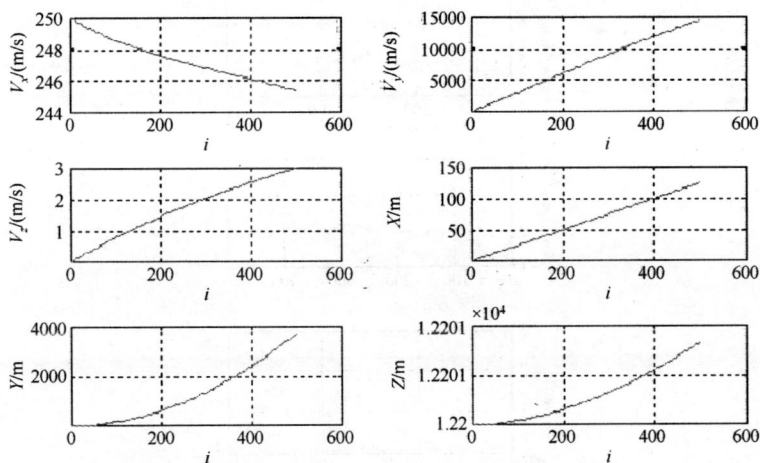

图 D-2 位置和速度仿真

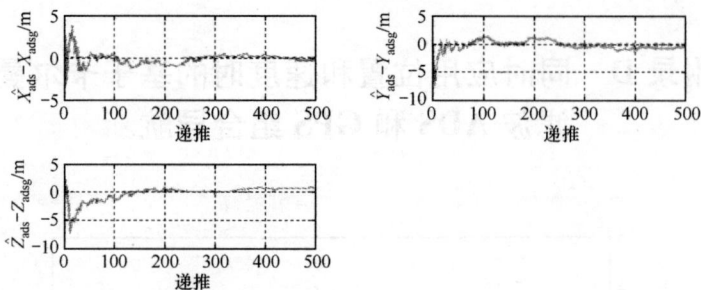

图 D-3 X,Y,Z 方向上的位置误差

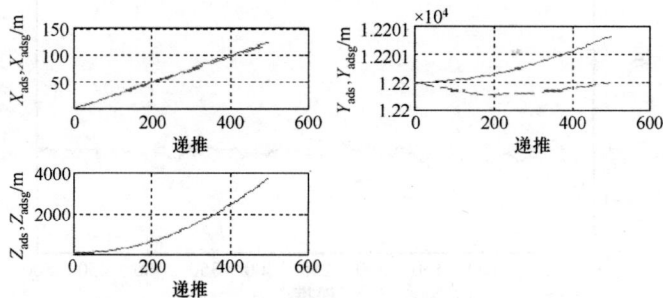

图 D-4 ADS 位置的仿真值(实线)和真实值(虚线)

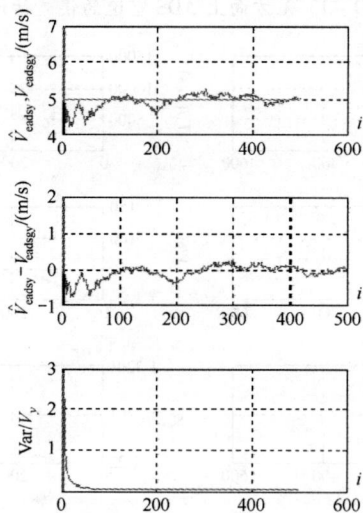

图 D-5 Y 向速度 KF 误差和真值误差以及 $P(K/K)$ 对角线第 5 个值

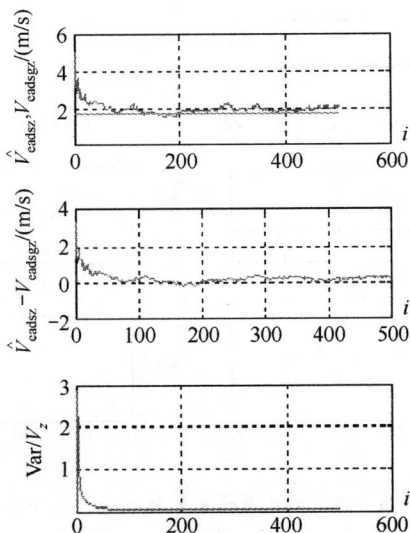

图 D-6　*Z* 向速度 KF 误差和真值误差以及 *P*(*K*/*K*) 对角线第 5 个值

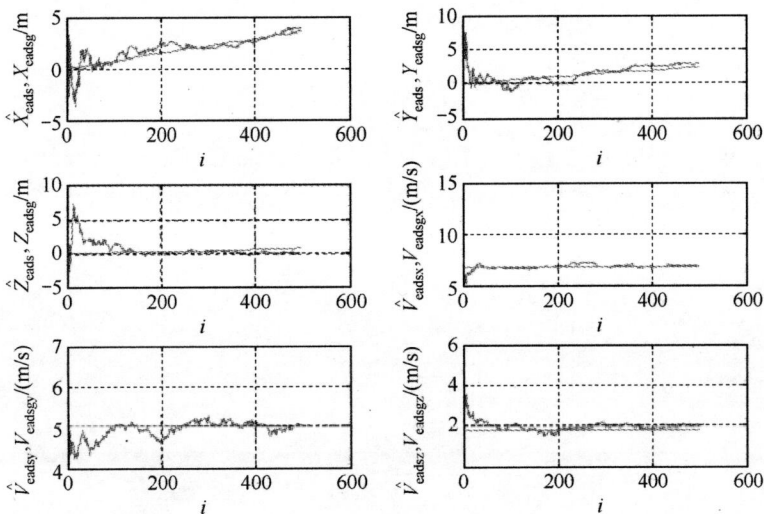

图 D-7　位置和速度误差的估计值和真实值

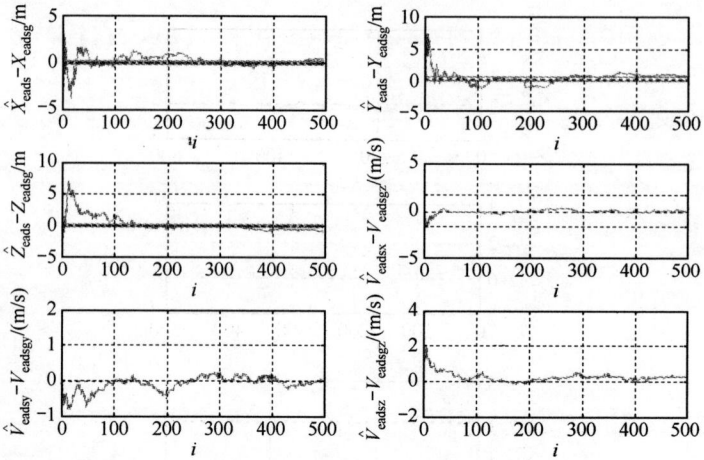

图 D‑8 位置和速度误差的估计值和真实值之差

附录 E 基于卡尔曼滤波的 ADS/GPS 组合导航系统 Matlab 程序

所包含的代码：

1. txtGPSread_Offline_ALL. m
2. txtGPSread. m
3. GPSandADS. m
4. GSV_read. m
5. LLA_2_ECEF. m
6. GGA_read. m
7. Dms2r. m
8. SATsph2cart. m
9. SAT4. m
10. SAT5. m

txtGPSread_Offline_ALL.m

```
clear;
format long
currentSampleNo=1;
for iData=1:1:6
    switch iData
        case 1
load Xsat_4.mat
load Ysat_4.mat
load Zsat_4.mat
load Xant_4.mat
load Yant_4.mat
load Zant_4.mat
[nSample,nNumOfSat]=size(Xsat_mat);
```

```
      case 2
load Xsat_4_2.mat
load Ysat_4_2.mat
load Zsat_4_2.mat
load Xant_4_2.mat
load Yant_4_2.mat
load Zant_4_2.mat
[nSample,nNumOfSat]=size(Xsat_mat);
      case 3
load Xsat_5_2.mat
load Ysat_5_2.mat
load Zsat_5_2.mat
load Xant_5_2.mat
load Yant_5_2.mat
load Zant_5_2.mat
[nSample,nNumOfSat]=size(Xsat_mat);
      case 4
load Xsat_6.mat
load Ysat_6.mat
load Zsat_6.mat
load Xant_6.mat
load Yant_6.mat
load Zant_6.mat
[nSample,nNumOfSat]=size(Xsat_mat);
      case 5
load Xsat_7.mat
load Ysat_7.mat
```

```
load Zsat_7.mat
load Xant_7.mat
load Yant_7.mat
load Zant_7.mat
[nSample,nNumOfSat]=size(Xsat_mat);
    case 6
load Xsat_7_2.mat
load Ysat_7_2.mat
load Zsat_7_2.mat
load Xant_7_2.mat
load Yant_7_2.mat
load Zant_7_2.mat
[nSample,nNumOfSat]=size(Xsat_mat);
    end


for iSample=currentSampleNo:1:(currentSampleNo+nSample-1)
    for d=1:1:nNumOfSat
        Xsat(d)=Xsat_mat(iSample-currentSampleNo+1,d);
        Ysat(d)=Ysat_mat(iSample-currentSampleNo+1,d);
        Zsat(d)=Zsat_mat(iSample-currentSampleNo+1,d);
    end
    X0=Xanten(iSample-currentSampleNo+1,1);
    Y0=Yanten(iSample-currentSampleNo+1,1);
    Z0=Zanten(iSample-currentSampleNo+1,1);
    XantenALL(iSample,1)=Xanten(iSample-currentSampleNo+1,1);
    YantenALL(iSample,1)=Yanten(iSample-currentSampleNo+1,1);
    ZantenALL(iSample,1)=Zanten(iSample-currentSampleNo+1,1);
```

```
if iSample==1
    Xkalman=[3000000;3000000;4750000;0.05];
    Pkalman=10*[1 0 0 0;0 1 0 0;0 0 1 0;0 0 0 1];
else
    Xkalman=XkalmanSon;
    Pkalman=PkalmanSon;
end

switch nNumOfSat
    case 4


[XkalmanSon,PkalmanSon]=SAT4(Xsat,Ysat,Zsat,X0,Y0,Z0,Xkalman,Pkalman);
    case 5


[XkalmanSon,PkalmanSon]=SAT5(Xsat,Ysat,Zsat,X0,Y0,Z0,Xkalman,Pkalman);
    case 6


[XkalmanSon,PkalmanSon]=SAT6(Xsat,Ysat,Zsat,X0,Y0,Z0,Xkalman,Pkalman);
    case 7


[XkalmanSon,PkalmanSon]=SAT7(Xsat,Ysat,Zsat,X0,Y0,Z0,Xkalman,Pkalman);
    end


    XX(iSample,1)=XkalmanSon(1,1);
    YY(iSample,1)=XkalmanSon(2,1);
    ZZ(iSample,1)=XkalmanSon(3,1);
    BB(iSample,1)=XkalmanSon(4,1);
```

```
end
currentSampleNo=currentSampleNo+nSample;
end


for i=1:1:iSample
    Xsbt(i,1)=4280065.43255686;
    Ysbt(i,1)=2226356.68234873;
    Zsbt(i,1)=4158017.54330311;
    Bsbt(i,1)=0.02;

    Xfark_Kalman_Alici(i,1)=XX(i,1)-XantenALL(i,1);
    Yfark_Kalman_Alici(i,1)=YY(i,1)-YantenALL(i,1);
    Zfark_Kalman_Alici(i,1)=ZZ(i,1)-ZantenALL(i,1);
end


fark_X=Xsbt(1)-XkalmanSon(1,1);
fark_Y=Ysbt(1)-XkalmanSon(2,1);
fark_Z=Zsbt(1)-XkalmanSon(3,1);


i=1:iSample;
figure(1)

subplot(4,1,1), plot(i,XX,'k-',i,Xsbt,'r--',i,XantenALL,'b-'),xlabel('X component of
object position');
subplot(4,1,2), plot(i,YY,'k-',i,Ysbt,'r--',i,YantenALL,'b-'),xlabel('Y component of
object position');
subplot(4,1,3), plot(i,ZZ,'k-',i,Zsbt,'r--',i,ZantenALL,'b-'),xlabel('Z component of
object position');
```

```
subplot(4,1,4), plot(i,BB,'k-',i,Bsbt,'r--'),xlabel('B component');
%r red, k black, b blue
figure(2)
subplot(4,1,1), plot(i,Xfark_Kalman_Alici,'k-'),xlabel('X antenna measurement and
Kalman estimation difference');
subplot(4,1,2), plot(i,Yfark_Kalman_Alici,'k-'),xlabel('Y antenna measurement and
Kalman estimation difference');
subplot(4,1,3), plot(i,Zfark_Kalman_Alici,'k-'),xlabel('Z antenna measurement and
Kalman estimation difference');
```

txtGPSread.m

```matlab
clear;

iSample=0;
fid=fopen('nmea4_cati.txt','rt');
while feof(fid)==0
    s=fgetl(fid);
    sID=s([1:6]);
    if sID=='$GPGGA'
        iSample=iSample+1;

        [aLat,aLon,aH,GPSquality,NumOfSat] = GGA_read(s);
        [X,Y,Z]=LLA_2_ECEF(aLat,aLon,aH);

        s=fgetl(fid);
        s=fgetl(fid);
        s=fgetl(fid);
        sID=s([1:6]);
        iTotalNumOfGVSdatasets=str2num(s([8]));
        if sID=='$GPGSV'
            str{1,1}=s;
            for i=2:1:iTotalNumOfGVSdatasets
                s='';
                s=fgetl(fid);
                str{1,i} = s;
            end
            for i=(iTotalNumOfGVSdatasets+1):1:9
```

```
            str{1,i}='';
        end
    end


[iElevation,iAzimuth,iActiveSatNo] = GSV_read(str);
[Xsat, Ysat, Zsat] = SATsph2cart(iElevation,iAzimuth,iActiveSatNo);

for d=1:1:NumOfSat
    Xsat_mat(iSample,d)=Xsat(d);
    Ysat_mat(iSample,d)=Ysat(d);
    Zsat_mat(iSample,d)=Zsat(d);
end


X0=X;
Y0=Y;
Z0=Z;
if iSample==1

    Xkalman=[4280;2226;4158;0.05];

    Pkalman=10*[1 0 0 0;0 1 0 0;0 0 1 0;0 0 0 1];
else
    Xkalman=XkalmanSon;
    Pkalman=PkalmanSon;
end


[XkalmanSon,PkalmanSon]=SAT4(Xsat,Ysat,Zsat,X0,Y0,Z0,Xkalman,Pkalman);
    XX(iSample)=XkalmanSon(1,1);
    YY(iSample)=XkalmanSon(2,1);
```

```
    ZZ(iSample)=XkalmanSon(3,1);
    BB(iSample)=XkalmanSon(4,1);

    Xanten(iSample,1)=X0(1,1);
    Yanten(iSample,1)=Y0(1,1);
    Zanten(iSample,1)=Z0(1,1);

  end
  s='';
end

for i=1:1:iSample
    Xsbt(i)=4.2801e+006;
    Ysbt(i)=2.2264e+006;
    Zsbt(i)=4.1580e+006;
    Bsbt(i)=0.02;
end

i=1:iSample;
figure(1)
subplot(4,1,1), plot(i,XX,'k-',i,Xsbt,'r--',i,Xanten,'b-');
subplot(4,1,2), plot(i,YY,'k-',i,Ysbt,'r--',i,Yanten,'b-');
subplot(4,1,3), plot(i,ZZ,'k-',i,Zsbt,'r--',i,Zanten,'b-');
subplot(4,1,4), plot(i,BB,'k-',i,Bsbt,'r--');
```

```
clear;
ii=[];
dT=0.001;
c=500;
h=12200;
g=9.81;
gamma0=4.6;
U0=250;
W0=0;
q=0;
Theta=0;
Beta=0.1;
p=0;
r=0;
Phi=5;
Ksi=0.1;
xk=0.1;
yk=0.1;
zk=12200;
x(:,1)=[U0 W0 q Theta Beta p r Phi Ksi xk yk zk]';
Xu=0.0002;
Xw=0.039;
Xe=0.44;
Zu=-0.07;
Zw=-0.317;
Ze=-5.46;
Mu=0.00006;
```

```
Mw=-0.003;
Mwn=-0.0004;
Mq=-0.339;
Me=-1.16;
Mut=Mu+Mwn*Zu;
Mwt=Mw+Mwn*Zw;
Mqt=Mq+U0*Mwn;
MThetat=-g*Mwn*sin(gamma0);
Met=Me+Mwn*Ze;
Yv=-0.056;
LBeta_u=-1.05;
NBeta_u=0.6;
Lp_u=-0.47;
Np_u=-0.032;
Lr_u=0.39;
Nr_u=-0.115;
LdA_u=0.14;
NdA_u=0.008;
LdR_u=0.15;
NdR_u=-0.48;
YdR_y=0.012;
u=[0 0 0]';
A=[Xu Xw 0 -g*cos(gamma0) 0 0 0 0 0 0 0;
  Zu Zw U0 -g*sin(gamma0) 0 0 0 0 0 0 0;
  Mut Mwt Mqt MThetat 0 0 0 0 0 0 0;
  0 0 1 0 0 0 0 0 0 0 0;
  0 0 0 0 Yv 0 -1 g/U0 0 0 0 0;
  0 0 0 0 LBeta_u Lp_u Lr_u 0 0 0 0;
  0 0 0 0 NBeta_u Np_u Nr_u 0 0 0 0;
  0 0 0 0 0 1 tan(gamma0) 0 0 0 0;
```

```
 0 0 0 0 0 0 sec(gamma0) 0 0 0 0 0;
 1 0 0 0 0 0 0 0 0 0 0 0;
 0 0 0 0 U0 0 0 0 0 0 0 0;
 0 1 0 0 0 0 0 0 0 0 0 0];
B=[Xe Ze Met 0 0 0 0 0 0 0 0 0;
 0 0 0 0 0 LdA_u NdA_u 0 0 0 0 0;
 0 0 0 0 YdR_y LdR_u NdR_u 0 0 0 0 0]';
C=eye(12);
D=zeros(12,3);
V1=ss(A,B,C,D);
V2=c2d(V1,dT,'zoh');
[A2,B2,C2,D2]=ssdata(V2);
for i=1:c;
   x(:,i+1)=A2*x(:,i)+B2*u;
   ii(i)=i;
end;
ii(c+1)=c+1;
v=U0*x(5,:);
Vrx=7;
Vry=5;
Vrz=1.7;
Vrx0=12;
Vry0=7;
Vrz0=5;
Xh=0.001;
Yh=0.001;
Zh=0.001;
Xh0=0.001;
Yh0=0.001;
Zh0=0.001;
```

```
sigma_Vax=2;
sigma_Vay=2;
sigma_Vaz=2;
sigma_Vdx=0.1;
sigma_Vdy=0.1;
sigma_Vdz=0.1;
Tca_Vx=600;
Tca_Vy=600;
Tca_Vz=600;
Ba_Vx=1/Tca_Vx;
Ba_Vy=1/Tca_Vy;
Ba_Vz=1/Tca_Vz;
Q=[0.001 0 0;
  0 0.001 0;
  0 0 0.001];
G=[0 0 0;
  0 0 0;
  0 0 0;
  1 0 0;
  0 1 0;
  0 0 1];
H=[0 0 0 1 0 0;
  0 0 0 0 1 0;
  0 0 0 0 0 1];
R=[(((sigma_Vax)^2)+((sigma_Vdx)^2)) 0 0;
  0 (((sigma_Vay)^2)+((sigma_Vdy)^2)) 0;
  0 0 (((sigma_Vaz)^2)+((sigma_Vdz)^2))];
PhiK=[0 0 0 1 0 0;
  0 0 0 0 1 0;
  0 0 0 0 0 1;
```

```
      0 0 0 -Ba_Vx 0 0;
      0 0 0 0 -Ba_Vy 0;
      0 0 0 0 0 -Ba_Vz];
B3=zeros(6);
C3=eye(6);
D3=zeros(6);
V3=ss(PhiK,B3,C3,D3);
V4=c2d(V3,dT,'zoh');
[PhiK2,B4,C4,D4]=ssdata(V4);
xeg(:,1)=[Xh Yh Zh Vrx Vry Vrz]';
for i=1:c
   xeg(:,i+1)=PhiK2*xeg(:,i);
   ii(i)=i;
end
for i=1:c+1
  z(1,i)=xeg(4,i)+randn*sigma_Vax-randn*sigma_Vdx;
  z(2,i)=xeg(5,i)+randn*sigma_Vay-randn*sigma_Vdx;
  z(3,i)=xeg(6,i)+randn*sigma_Vaz-randn*sigma_Vdx;
end
P=[100 0 0 0 0 0;
   0 100 0 0 0 0;
   0 0 100 0 0 0;
   0 0 0 10 0 0;
   0 0 0 0 10 0;
   0 0 0 0 0 10];
I=eye(6);
xe(:,1)=[Xh0 Yh0 Zh0 Vrx0 Vry0 Vrz0]';
for i=1:c
  Pk=PhiK2*P*PhiK2'+G*Q*G';
  K=Pk*H'*inv(H*Pk*H'+R);
```

```
P=(I-K*H)*Pk;
xek(:,i)=PhiK2*xe(:,i);
Delta(:,i)=z(:,i)-H*xek(:,i);
DeltaN(:,i)=(sqrt(inv(H*Pk*H'+R)))*Delta(:,i);
xe(:,i+1)=xek(:,i)+K*Delta(:,i);
e(:,i)=xe(:,i)-xeg(:,i);
s(1,i)=x(10,i)+e(1,i);
s(2,i)=x(11,i)+e(2,i);
s(3,i)=x(12,i)+e(3,i);
s(4,i)=x(1,i)+e(4,i);
s(5,i)=U0*x(5,i)+e(5,i);
s(6,i)=x(2,i)+e(6,i);
ii(i)=i;
  diagonal(:,i+1)=diag(P,0);
end
for i=1:c
  cp(i)=3;
  cm(i)=-3;
  cpp(i)=0.2;
  cmm(i)=-0.2;
  cd(i)=1;
end
xage(1,1)=0.001;
xage(2,1)=0.001;
xage(3,1)=0.001;
xak(1,1)=0.001;
xak(2,1)=0.001;
xak(3,1)=0.001;
for i=1:c
  xage(1,i+1)=xage(1,i)+dT*(2*randn);
```

```
xage(2,i+1)=xage(2,i)+dT*(2*randn);
xage(3,i+1)=xage(3,i)+dT*(2*randn);
xag(1,i)=xage(1,i)+x(10,i)-xeg(1,i);
xag(2,i)=xage(2,i)+x(11,i)-xeg(2,i);
xag(3,i)=xage(3,i)+x(12,i)-xeg(3,i);
xagk(1,i)=xag(1,i)+xe(1,i);
xagk(2,i)=xag(2,i)+xe(2,i);
xagk(3,i)=xag(3,i)+xe(3,i);
vak(1,i)=x(1,i)+2*randn-xeg(4,i)+xe(4,i);
vak(2,i)=U0*x(5,i)+2*randn-xeg(5,i)+xe(5,i);
vak(3,i)=x(2,i)+2*randn-xeg(6,i)+xe(6,i);
end
for i=1:c
rk(1,i)=x(10,i)-xagk(1,i);
rk(2,i)=x(11,i)-xagk(2,i);
rk(3,i)=x(12,i)-xagk(3,i);
rg(1,i)=x(10,i)-xag(1,i);
rg(2,i)=x(11,i)-xag(2,i);
rg(3,i)=x(12,i)-xag(3,i);
end

figure
iix=ii(1:c);
plot(iix,Delta), xlabel('DELTA');
figure
iix=ii(1:c);
plot(iix,Delta(1,:)), xlabel('DELTA 1');
figure
iix=ii(1:c);
plot(ii,xe(4,:),ii,z(1,:),ii,xeg(4,:));
```

```
figure
iix=ii(1:c);
plot(iix,e(4,:))
figure
iix=ii(1:c);
plot(iix,DeltaN(1,:),iix,cp(:),iix,cm(:)), xlabel('Delta N1');
figure
iix=ii(1:c);
plot(iix,DeltaN(2,:),iix,cp(:),iix,cm(:)), xlabel('Delta N2');
figure
iix=ii(1:c);
plot(iix,DeltaN(3,:),iix,cp(:),iix,cm(:)), xlabel('Delta N3');
figure
subplot(3,2,1), plot(ii,xe(1,:),ii,xeg(1,:)), xlabel('X position Kalman error and actual
error'),
hold on, grid,
subplot(3,2,2), plot(ii,xe(2,:),ii,xeg(2,:)), xlabel('Y position Kalman error and actual
error'),
hold on, grid,
subplot(3,2,3), plot(ii,xe(3,:),ii,xeg(3,:)), xlabel('Z position Kalman error and actual
error'),
hold on, grid,
subplot(3,2,4), plot(ii,xe(4,:),ii,xeg(4,:)),
hold on, grid,
subplot(3,2,5), plot(ii,xe(5,:),ii,xeg(5,:)), xlabel('V speed  Kalman error and actual
error m/s'),
hold on, grid,
subplot(3,2,6), plot(ii,xe(6,:),ii,xeg(6,:)), xlabel('W speed  Kalman error and actual
error m/s'),
hold on, grid,
```

```
figure
subplot(3,2,1), plot(iix,e(1,:),iix,cpp(:),iix,cmm(:)), xlabel('X position resulting error
(xe-xeg)'),
hold on, grid,
subplot(3,2,2), plot(iix,e(2,:),iix,cpp(:),iix,cmm(:)), xlabel('Y position resulting erro
(ye-yeg)'),
hold on, grid,
subplot(3,2,3), plot(iix,e(3,:),iix,cpp(:),iix,cmm(:)), xlabel('Z position resulting error
(ze-zeg)'),
hold on, grid,
subplot(3,2,4), plot(iix,e(4,:)),
hold on, grid,
subplot(3,2,5), plot(iix,e(5,:)), xlabel('V speed resulting error  (Ve-Veg)'),
hold on, grid,
subplot(3,2,6), plot(iix,e(6,:)), xlabel('W speed resulting error (We-Weg)'),
hold on, grid,
figure
subplot(3,2,1), plot(ii,xe(1,:),ii,xeg(1,:)), xlabel('X position Kalman error and actual
error'),
hold on, grid,
subplot(3,2,3), plot(iix,e(1,:),iix,cpp(:),iix,cmm(:)), xlabel('X position resulting
error(xe-xeg)'),
hold on, grid,
subplot(3,2,5), plot(ii,diagonal(1,:)), xlabel('P(K/K) 1st diagonal element'),
hold on, grid;
figure
subplot(3,2,1), plot(ii,xe(2,:),ii,xeg(2,:)), xlabel('Y position Kalman error and actual
error'),
hold on, grid,
```

```
subplot(3,2,3), plot(iix,e(2,:),iix,cpp(:),iix,cmm(:)), xlabel('Y position resulting erro
(ye-yeg)'),
hold on, grid,
subplot(3,2,5), plot(ii,diagonal(2,:)), xlabel('P(K/K) 2nd diagonal element'),
hold on, grid;
figure
subplot(3,2,1), plot(ii,xe(3,:),ii,xeg(3,:)), xlabel('Z position Kalman error and actual
error'),
hold on, grid,
subplot(3,2,3), plot(iix,e(3,:),iix,cpp(:),iix,cmm(:)), xlabel('Z position resulting error
(ze-zeg)'),
hold on, grid,
subplot(3,2,5), plot(ii,diagonal(3,:)), xlabel('P(K/K) 3rd diagonal element'),
hold on, grid;
figure
subplot(3,2,1), plot(ii,xe(4,:),ii,xeg(4,:)),
hold on, grid,
subplot(3,2,3), plot(iix,e(4,:)),
hold on, grid,
subplot(3,2,5), plot(ii,diagonal(4,:)),
hold on, grid;
figure
subplot(3,2,1), plot(ii,xe(5,:),ii,xeg(5,:)), xlabel('V speed  Kalman error and actual
error m/s'),
hold on, grid,
subplot(3,2,3), plot(iix,e(5,:)), xlabel('V speed resulting error  (Ve-Veg)'),
hold on, grid,
subplot(3,2,5), plot(ii,diagonal(5,:)), xlabel('P(K/K) 5th diagonal element'),
hold on, grid;
figure
```

subplot(3,2,1), plot(ii,xe(6,:),ii,xeg(6,:)), xlabel('W speed Kalman error and actual error m/s'),

hold on, grid,

subplot(3,2,3), plot(iix,e(6,:)), xlabel('W speed resulting error (We-Weg)'),

hold on, grid,

subplot(3,2,5), plot(ii,diagonal(6,:)), xlabel('P(K/K) 6th diagonal element'),

hold on, grid;

figure

iix=ii(1:c);

subplot(3,2,1), plot(ii,x(1,:),'r--',iix,vak(1,:)), xlabel('Vx & Vax=Vx-Vegx+Vekx+2randn'),

hold on, grid,

subplot(3,2,2), plot(ii,U0*x(5,:),'r--',iix,vak(2,:)), xlabel('Vy & Vay=Vy-Vegy+Veky+2randn'),

hold on, grid,

subplot(3,2,3), plot(ii,x(2,:),'r--',iix,vak(3,:)), xlabel('Vz & Vaz=Vz-Vegz+Vekz+2randn'),

hold on, grid,

subplot(3,2,4), plot(ii,x(10,:),iix,xagk(1,:),'r--'), xlabel('X & Xar+Xek'),

hold on, grid,

subplot(3,2,5), plot(ii,x(11,:),iix,xagk(2,:),'r--'), xlabel('Y & Yar+Yek'),

hold on, grid,

subplot(3,2,6), plot(ii,x(12,:),iix,xagk(3,:),'r--'), xlabel('Z & Zar+Zek'),

hold on, grid;

figure

subplot(3,2,1), plot(ii,x(10,:),iix,xag(1,:),'r--'), xlabel('X & Xar'),

hold on, grid,

subplot(3,2,3), plot(ii,x(11,:),iix,xag(2,:),'r--'), xlabel('Y & Yar'),

hold on, grid,

subplot(3,2,5), plot(ii,x(12,:),iix,xag(3,:),'r--'), xlabel('Z & Zar'),

```
hold on, grid;
figure
subplot(3,2,1), plot(iix,rk(1,:)), xlabel('X-(Xar+Xek)'),
hold on, grid,
subplot(3,2,2), plot(iix,rk(2,:)), xlabel('Y-(Yar+Yek)'),
hold on, grid,
subplot(3,2,3), plot(iix,rk(3,:)), xlabel('Z-(Zar+Zek)'),
hold on, grid;
figure
subplot(3,2,1), plot(iix,rk(1,:),iix,rg(1,:),'r--'), xlabel('X-(Xa+Xe) & X-Xa'),
hold on, grid,
subplot(3,2,3), plot(iix,rk(2,:),iix,rg(2,:),'r--'), xlabel('Y-(Ya+Ye) & Y-Ya'),
hold on, grid,
subplot(3,2,5), plot(iix,rk(3,:),iix,rg(3,:),'r--'), xlabel('Z-(Za+Ze) & Z-Za'),
hold on, grid;
figure
subplot(3,2,1), plot(ii,x(1,:)), xlabel('Vx-'),
hold on, grid,
subplot(3,2,2), plot(ii,U0*x(5,:)), xlabel('Vy-'),
hold on, grid,
subplot(3,2,3), plot(ii,x(2,:)), xlabel('Vz-'),
hold on, grid,
subplot(3,2,4), plot(ii,x(10,:)), xlabel('X-position-simulation '),
hold on, grid,
subplot(3,2,5), plot(ii,x(11,:)), xlabel('Y-position-simulation '),
hold on, grid,
subplot(3,2,6), plot(ii,x(12,:)), xlabel('Z-position-simulation '),
hold on, grid;
figure
subplot(3,2,1), plot(ii,diagonal(1,:)), xlabel('P(K/K) 1st diagonal element'),
```

```
hold on, grid,
subplot(3,2,2), plot(ii,diagonal(2,:)), xlabel('P(K/K) 2nd diagonal element'),
hold on, grid,
subplot(3,2,3), plot(ii,diagonal(3,:)), xlabel('P(K/K) 3rd diagonal element'),
hold on, grid,
subplot(3,2,4), plot(ii,diagonal(4,:)), xlabel('P(K/K) 4th diagonal element'),
hold on, grid,
subplot(3,2,5), plot(ii,diagonal(5,:)), xlabel('P(K/K) 5th diagonal element'),
hold on, grid,
subplot(3,2,6), plot(ii,diagonal(6,:)), xlabel('P(K/K) 6th diagonal element'),
hold on, grid;
```

GSV_read.m

```
function [iElevation,iAzimuth,iActiveSatNo] = GSV_read_3(data)

GoodSatNo = 1
SuperUyduNo=1
comma = ','
star = '*'
bosch = ''

for x=1:1:9

    s=''
    k=1
    m=length(data{1,x})
    if m > 5
        str = data{1,x}
        for i=1:1:m

        if (strcmp(str(i),comma)== 0) & (strcmp(str(i),star) == 0)
            s = strcat(s,str(i))
          else
            switch k
                case 2
                   sTotalNumOfGVSdatasets = s
                case 3
                   sCurrentNoOfGVSdataset = s
                case 4
                   sTotalNoOfSatInView = s
```

```
    case 6
      sElevation{1,GoodSatNo} = s
    case 7
      sAzimuth{1,GoodSatNo} = s
    case 8
      sSignalToNoiseRatio{1,GoodSatNo} = s
      GoodSatNo = GoodSatNo+1
    case 10
      sElevation{1,GoodSatNo} = s
    case 11
      sAzimuth{1,GoodSatNo} = s
    case 12
      sSignalToNoiseRatio{1,GoodSatNo} = s
      GoodSatNo = GoodSatNo+1
    case 14
      sElevation{1,GoodSatNo} = s
    case 15
      sAzimuth{1,GoodSatNo} = s
    case 16
      sSignalToNoiseRatio{1,GoodSatNo} = s
      GoodSatNo = GoodSatNo+1
    case 18
      sElevation{1,GoodSatNo} = s
    case 19
      sAzimuth{1,GoodSatNo} = s
    case 20
      sSignalToNoiseRatio{1,GoodSatNo} = s
      GoodSatNo = GoodSatNo+1
  end
  k=k+1
```

```
        s="
    end

  end
 end

end

for i=1:1:(GoodSatNo-1)
  if strcmp(sSignalToNoiseRatio(i),bosch)== 0
    iElevation(SuperUyduNo) = str2num(sElevation{1,i})
    iAzimuth(SuperUyduNo) = str2num(sAzimuth{1,i})
    SuperUyduNo = SuperUyduNo + 1
  end
end
iActiveSatNo = SuperUyduNo - 1
```

LLA_2_ECEF.m

```
function [X,Y,Z]=LLA_2_ECEF(i_fi,i_lambda,i_h)

a=6378137
b=6356752.31424518
f=1/298.257223563
e=sqrt(((a^2)-(b^2))/(a^2))

N=(a)/(sqrt( 1-( (e^2)*(sind(i_fi)^2) )))

i_fi=i_fi
i_lambda=i_lambda
i_h=i_h

X = (N + i_h)*cosd(i_fi)*cosd(i_lambda)
Y = (N + i_h)*cosd(i_fi)*sind(i_lambda)
Z = (N*(b^2)/(a^2) + i_h)*sind(i_fi)
```

GGA_read.m

```matlab
function [aLat,aLon,aH,GPSquality,NumOfSat] = GGA_read(str)
    s=''
comma = ','
star = '*'
k=1
m=length(str)
for i=1:1:length(str)
    if (strcmp(str(i),comma)== 0) & (strcmp(str(i),star) == 0)
        s = strcat(s,str(i))
    else
        switch k
            case 3
                sLat = s
            case 5
                sLon = s
            case 10
                sH = s
            case 7
                sGPSquality = s
            case 8
                sNumOfSat = s
        end
        k=k+1;
        s=''
    end
end


Lat_Degrees=str2num(sLat([1:2]))
```

```
Lat_Minutes=str2num(sLat([3:4]))
Lat_Seconds=str2num(sLat([5:9]))*60

Lon_Degrees=str2num(sLon([1:3]))
Lon_Minutes=str2num(sLon([4:5]))
Lon_Seconds=str2num(sLon([6:10]))*60

rad_Lat=dms2r(Lat_Degrees, Lat_Minutes, Lat_Seconds)
rad_Lon=dms2r(Lon_Degrees, Lon_Minutes, Lon_Seconds)

aLat = rad_Lat
aLon = rad_Lon
aH = sH
GPSquality = sGPSquality
NumOfSat = str2num(sNumOfSat)
```

dms2r.m

```
function Rad = dms2r(Degrees, Minutes, Seconds)

DR=pi/180;
Minutes=Minutes+(Seconds/60);
Degrees=Degrees+(Minutes/60);
Rad=Degrees;


function [X, Y, Z] = SATsph2cart(iElevation,iAzimuth,iActiveSatNo)

R = 2.66*10^7

for i =1:1:iActiveSatNo
    theta = iAzimuth(i)
    phi = iElevation(i)
    [X(i), Y(i), Z(i)] = sph2cart(theta,phi,R)
end
```

SATsph2cart.m

```
function [X, Y, Z] = SATsph2cart(iElevation,iAzimuth,iActiveSatNo)

R = 2.66*10^7

for i =1:1:iActiveSatNo
    theta = iAzimuth(i)
    phi = iElevation(i)
    [X(i), Y(i), Z(i)] = sph2cart(theta,phi,R)
end
```

SAT4.m

```
function [XkalmanSon,PkalmanSon] =
SAT4(Xsat,Ysat,Zsat,X0,Y0,Z0,Xkalman,Pkalman)
B=Xkalman(4,1)

Xsbt(1)=4.2801e+006
Ysbt(1)=2.2264e+006
Zsbt(1)=4.1580e+006
Bsbt(1)=0.02

sgd=0.1


rk=zeros(3);at=zeros(3,4)


d(1)=sqrt((Xsat(1)-X0(1,1))^2+(Ysat(1)-Y0(1,1))^2+(Zsat(1)-Z0(1,1))^2)
d(2)=sqrt((Xsat(2)-X0(1,1))^2+(Ysat(2)-Y0(1,1))^2+(Zsat(2)-Z0(1,1))^2)
d(3)=sqrt((Xsat(3)-X0(1,1))^2+(Ysat(3)-Y0(1,1))^2+(Zsat(3)-Z0(1,1))^2)
d(4)=sqrt((Xsat(4)-X0(1,1))^2+(Ysat(4)-Y0(1,1))^2+(Zsat(4)-Z0(1,1))^2)


L(1)=sqrt(Xsat(1)^2+Ysat(1)^2+Zsat(1)^2)
L(2)=sqrt(Xsat(2)^2+Ysat(2)^2+Zsat(2)^2)
L(3)=sqrt(Xsat(3)^2+Ysat(3)^2+Zsat(3)^2)
L(4)=sqrt(Xsat(4)^2+Ysat(4)^2+Zsat(4)^2)
```

r(1,1)=(d(1)-B)^2*sgd^2+(d(2)-B)^2*sgd^2+sgd^4

r(2,2)=(d(1)-B)^2*sgd^2+(d(3)-B)^2*sgd^2+sgd^4

r(3,3)=(d(1)-B)^2*sgd^2+(d(4)-B)^2*sgd^2+sgd^4

r(2,1)=(d(1)-B)^2*sgd^2+0.5*sgd^4

r(3,1)=(d(1)-B)^2*sgd^2+0.5*sgd^4

r(1,2)=(d(1)-B)^2*sgd^2+0.5*sgd^4

r(3,2)=(d(1)-B)^2*sgd^2+0.5*sgd^4

r(1,3)=(d(1)-B)^2*sgd^2+0.5*sgd^4

r(2,3)=(d(1)-B)^2*sgd^2+0.5*sgd^4

rk = r

at(1,1)=Xsat(1)-Xsat(2); at(1,2)=Ysat(1)-Ysat(2); at(1,3)=Zsat(1)-Zsat(2);at(1,4)=d(2)-d(1)

at(2,1)=Xsat(1)-Xsat(3); at(2,2)=Ysat(1)-Ysat(3); at(2,3)=Zsat(1)-Zsat(3);at(2,4)=d(3)-d(1)

at(3,1)=Xsat(1)-Xsat(4); at(3,2)=Ysat(1)-Ysat(4); at(3,3)=Zsat(1)-Zsat(4);at(3,4)=d(4)-d(1)

z(1,1)=[0.5*(L(1)^2-L(2)^2+d(2)^2-d(1)^2)]

z(2,1)=[0.5*(L(1)^2-L(3)^2+d(3)^2-d(1)^2)]

z(3,1)=[0.5*(L(1)^2-L(4)^2+d(4)^2-d(1)^2)]

k=Pkalman*at'*inv(at*Pkalman*at'+rk)

PkalmanSon=Pkalman-k*at*Pkalman

XkalmanSon=Xkalman+k*(z-at*Xkalman)

SAT5.m

Function [XkalmanSon,PkalmanSon] =
SAT5(Xsat,Ysat,Zsat,X0,Y0,Z0,Xkalman,Pkalman)
B=Xkalman(4,1)

Xsbt(1)=4.2801e+006
Ysbt(1)=2.2264e+006
Zsbt(1)=4.1580e+006
Bsbt(1)=0.02
sgd=0.1
rk=zeros(3);at=zeros(3,4)

d(1)=sqrt((Xsat(1)-X0(1,1))^2+(Ysat(1)-Y0(1,1))^2+(Zsat(1)-Z0(1,1))^2)
d(2)=sqrt((Xsat(2)-X0(1,1))^2+(Ysat(2)-Y0(1,1))^2+(Zsat(2)-Z0(1,1))^2)
d(3)=sqrt((Xsat(3)-X0(1,1))^2+(Ysat(3)-Y0(1,1))^2+(Zsat(3)-Z0(1,1))^2)
d(4)=sqrt((Xsat(4)-X0(1,1))^2+(Ysat(4)-Y0(1,1))^2+(Zsat(4)-Z0(1,1))^2)
d(5)=sqrt((Xsat(5)-X0(1,1))^2+(Ysat(5)-Y0(1,1))^2+(Zsat(5)-Z0(1,1))^2)

L(1)=sqrt(Xsat(1)^2+Ysat(1)^2+Zsat(1)^2)
L(2)=sqrt(Xsat(2)^2+Ysat(2)^2+Zsat(2)^2)
L(3)=sqrt(Xsat(3)^2+Ysat(3)^2+Zsat(3)^2)
L(4)=sqrt(Xsat(4)^2+Ysat(4)^2+Zsat(4)^2)
L(5)=sqrt(Xsat(5)^2+Ysat(5)^2+Zsat(5)^2)

r(1,1)=(d(1)-B)^2*sgd^2+(d(2)-B)^2*sgd^2+sgd^4
r(2,2)=(d(1)-B)^2*sgd^2+(d(3)-B)^2*sgd^2+sgd^4
r(3,3)=(d(1)-B)^2*sgd^2+(d(4)-B)^2*sgd^2+sgd^4
r(4,4)=(d(1)-B)^2*sgd^2+(d(5)-B)^2*sgd^2+sgd^4

```
r21(1,1)=(d(1)-B)^2*sgd^2+0.5*sgd^4;
r(1,2)=r21(1,1);r(1,3)=r21(1,1);r(1,4)=r21(1,1);
r(2,1)=r21(1,1);r(2,3)=r21(1,1);r(2,4)=r21(1,1);
r(3,1)=r21(1,1);r(3,2)=r21(1,1);r(3,4)=r21(1,1);
r(4,1)=r21(1,1);r(4,2)=r21(1,1);r(4,3)=r21(1,1);


rk = r


at(1,1)=Xsat(1)-Xsat(2); at(1,2)=Ysat(1)-Ysat(2); at(1,3)=Zsat(1)-
Zsat(2);at(1,4)=d(2)-d(1)
at(2,1)=Xsat(1)-Xsat(3); at(2,2)=Ysat(1)-Ysat(3); at(2,3)=Zsat(1)-
Zsat(3);at(2,4)=d(3)-d(1)
at(3,1)=Xsat(1)-Xsat(4); at(3,2)=Ysat(1)-Ysat(4); at(3,3)=Zsat(1)-
Zsat(4);at(3,4)=d(4)-d(1)
at(4,1)=Xsat(1)-Xsat(5); at(4,2)=Ysat(1)-Ysat(5); at(4,3)=Zsat(1)-
Zsat(5);at(4,4)=d(5)-d(1)


z(1,1)=[0.5*(L(1)^2-L(2)^2+d(2)^2-d(1)^2)]
z(2,1)=[0.5*(L(1)^2-L(3)^2+d(3)^2-d(1)^2)]
z(3,1)=[0.5*(L(1)^2-L(4)^2+d(4)^2-d(1)^2)]
z(4,1)=[0.5*(L(1)^2-L(5)^2+d(5)^2-d(1)^2)]


k=Pkalman*at'*inv(at*Pkalman*at'+rk)
PkalmanSon=Pkalman-k*at*Pkalman
XkalmanSon=Xkalman+k*(z-at*Xkalman)
```

参考文献

[1] **Kayton, M., Fried, W. R.**, 1997 . Avionics and navigation systems, New York : J. Wiley.

[2] **Collinson, R.P.G.**, 1996. Introduction to avionics. London : Chapman & Hall

[3] **Zuo, W., Song, F.**, 2000. An autonomous navigation scheme using global positioning system/geomagnetism integration for small satellites, *Mechanical Engineering Institute , Part G: Aerospace Engineering Journal* Volume 214 n 4 2000. Page 207-215.

[4] **Zhang, F., et al.**, 2000. Application of GPS/INU/DM integrated position and navigation Technologies in smart systems. *Beijing Hangkong Hangtian Daxue Xuebao/Journal of Beijing University of Aeronautics and Astronautics* c 26 n 3 jun 2000. p 299-302.

[5] **Dejun, M., Mingan, T. and Guanzhong**, D., 2000. A Parallel Algorithm for GPS/Inertial Integrated Navigation System. *Xibei Gongye Daxue Xuebao/Journal of Northwestern Polytechnical University* v 18 n 2 May 2000. p 208-211.

[6] **Wang, Y.,Huang, X., Hu, H.**, 2000. Study on federated architecture for GPS/INS/TRN integrated navigation system, *Journal of Systems Engineering and Electronics* v 11 n 1 2000. p 75-80.

[7] **Jin, H., Zhang, H.**, 2000. Robust fault diagnosis of integrated navigation systems, *Beijing Hangkong Hangtian Daxue Xuebao/Journal of Beijing University of Aeronautics and Astronautics* v 26 n 1 Feb 2000. p 26-29.

[8] **Arnold, J. L. (Rockwell Int Corp, Collins Government Avionics Div, Cedar Rapids, Iowa, USA); Blank, R. W.**,1983. GPS/INS integration for range instrumentation *International Telemetering Conference (Proceedings)*, v 19, p 503-512.

[9] Haering, E. A. Jr. (NASA Dryden Flight Research Facility), 1992. Airdata calibration of a high-performance aircraft for measuring atmospheric wind profiles , *Journal of Aircraft* , v 29, n 4, Jul-Aug, 1992, p 632-639.

[10] Moya, David C. (Honeywell Military Avionics Div); Elchynski, Joseph J. , 1993, Evaluation of the world's smallest integrated embedded GPS/INS, the H-764G *Proceedings of the National Technical Meeting, Institute of Navigation*, p 275-286.

[11] Karatsinides, Spiro P., 1994, (Smiths Industries) Enhancing filter robustness in cascaded GPS-INS integrations *IEEE Transactions on Aerospace and Electronic Systems*, v 30, n 4, Oct, p 1001-1008.

[12] Sohne, W., Heinze, O. and Groten, E., 1994. Integrated INS/GPS system for high precision navigation applications, *Proceedings of the 1994 IEEE Position Location and Navigation Symposium*, Las Vegas, NV, USA, April 11-15.

[13] Susko, M., Herman, L., 1995. Comparison of satellite derived wind measurements with other wind measurement sensors, *Journal of Spacecraft and Rockets* v 32 n 3 May-Jun 1995. p 564-566.

[14] Gray, R. A. and Maybeck, P. S., 1995. Integrated GPS/INS/BARO and radar altimeter system for aircraft precision approach landings, *Proceedings of the IEEE 1995 National Aerospace and Electronics Conference, Part 1*, Dayton, KY, USA, May 22-26.

[15] Wackermann, C. C., Rufenach, C. L., Shuchman, R. A., Johanessen, J. A., Davidson, K. L., 1996. Wind vector retrieval using ERS-1 synthetic aperture radar imagery, *IEEE Transactions on Geoscience and Remote Sensing* c 34 n 6 December 1996. p 1343-1352.

[16] Bennamoun, M.,Boashash, B.,Faruqi, F.,Dunbar, M., 1996. Development of an integrated GPS/INS/SONAR navigation system for autonomous underwater vehicle navigation. *Proceedings of the IEEE Symposium on Autonomous Underwater Vehicle Technology. IEEE, Piscataway, NJ, USA*, 96CB35900. p 256-261.

[17] Deergha, R. K., 1997. Integration of GPS and baro-inertial loop aided strapdown INS and radar altimeter, *IETE Journal of Research*, v 43 n 5, 383-390.

[18] Chen, Y., An, D., Ren, S., 1997. The integrated INS/SAR navigation system aided by terrain signal, *Xibei Gongye Daxue Xuebao/Journal of Northwestern Polytechnical University* v 15 n 4 1997. p 598-602.

[19] An, D., Dong, G., Ren, S., 1997. Performance analysis of the integrated INS/SAR navigation system, *Xibei Gongye Daxue Xuebao/Journal of Northwestern Polytechnical University* v 15 n 4 1997. p 586-591.

[20] Friedler, R., Gluch, M., Kirchner, J., libertin, A., 1997. Results of Integrated Navigation in Shipping, *Proceedings of ION GPS c 1. Inst of Navigation,* Alexandria, VA, USA. p 963-971.

[21] Fischer, N., Hardy, B., Johnson, C., Kwan, W., Waid, J., 1997. Polar flight test of CGEM GPS in an integrated navigation system on a KC-10, *Proceedings of ION GPS v 1. Inst of Navigation,* Alexandria, VA, USA. p 781-790.

[22] Qin, Y., Niu, H., 1998. Application of fault detection and isolation theory to designing integrated navigation systems, *Xibei Gongye Daxue Xuebao/Journal of Northwestern Polytechnical University* v 16 n 3 1998. p 396-400.

[23] Barrouil, C., Lemaire, J., 1998. An integrated navigation system for a long range AUV, *Oceans Conference Report (IEEE)* v 1 1998. IEEE, Piscataway, NJ, USA, 98CB36259. p 331-335.

[24] Pettus, W. R., Franco, P.C., Insley, L. R., Levrant, M. A., 1998. Formulating an improved integrated navigation solution for US Navy Surface ships Record – *IEEE PLANS, Position Location and Navigation Symposium 1998.* IEEE, Piscataway, NJ, USA. p 339-343.

[25] Zhukovskiy, A. P., and Rastorguev, V. V., 1998. Complex Radio navigation and control systems of aircraft, MAI, Moscow (in Russian).

[26] Song, Y.D., Deng, X.H, 1998. Memory-based methodology for wind speed prediction, *Proceedings of the American Power Conference c 1,* Illınois Inst of technology, Chicago, IL, USA. p 216-221.

[27] Marth, R. B. Sr., Levi, R., Durboraw, I. N., Beam, K., 1998 The integrated navigation capability for the Force XXI Land Warrior Record – *IEEE PLANS, Position Location and Navigation Symposium 1998.* IEEE, Piscataway, NJ, USA. p 193-200.

[28] **Sabatini R.**, 1999. High precision DGPS and DGPS/INS positioning for flight testing, *Proc. of the 6th Saint Petersburg International Conference on Integrated Navigation Systems*, Saint Petersburg, Russia, 1999,pp.18-1−18-17.

[29] **Leach B.W.**, 1999. Low cost strap down inertial/GPS integrated navigation for flight test requirements, *Proc. of the 6th Saint Petersburg International Conference on Integrated Navigation Systems*, Saint Petersburg, Russia,pp.17-1−17-12.

[30] **Fang, J., Shen, G. Ve Wan, D.**, 1999. Adaptive Extended Kalman Filter Model for Integrated Land Vehicle Navigation system, *Beijing Hangkong Hangtian Daxue Xuebao/Journal of Beijing University of Aeronautics and Astronautics* v 12 n 5 Dec 1999.

[31] **Brown, G. E., Curto, P. A., Zysko, J. A.**, 1999. Airfield Wind Advisory System (AWAS), *NASA Dryden Flight Research Facility tecnical report package*, DRC-99-16.

[32] **Zheng, P., Chang, Q., Zhang, Q., Liu, Z.**, 1999. Study of GPS/DR Integrated Navigation System for Vehicle, *Beijing Hangkong Hangtian Daxue Xuebao/Journal of Beijing University of Aeronautics and Astronautics* v 25 n 5 oct 1999. p 513-516.

[33] **Franco, P. C., Nosenchuk, E. H.**, 2000. Determination of integrated navigation system requirements for a landing craft using off the shelf hardware, Record − *IEEE PLANS, position Location and Navigation Symposium 000*, p 207-212.

[34] **Zaibel, R., Glick, Y., Bar-Tal, G., Winik, M., Tsadka, S.**, 2000, *Conference on Lasers and Electro-Optics Europe − Technical Digest 2000*. IEEE Pitscataway, NJ, USA, 00TH8505. p 66.

[35] **Wagner J.F., and Wieneke T.**, Integrating satellite and inertial navigation conventional and new fusion approaches, *Preprints of the 15th IFAC Symposium on Automatic Control in Aerospace*, Bologna/Forli, Italy, 2001, pp.241-246.

[36] **Sasiadek J.Z., and Wang Q.**, 2001. Fuzzy adaptive Kalman filtering for INS/GPS data fusion and accurate positioning, *Preprints of the 15th IFAC Symposium on Automatic Control in Aerospace*, Bologna/Forli, Italy, 2001, pp.410-415.

[37] **Hajiyev Ch., and Aykut Tutucu M.**, 2001. INS/GPS Integration using parallel Kalman filtering, *Preprints of the 15th IFAC Symposium on Automatic Control in Aerospace,* Bologna/Forli, Italy, 2001, pp.512-517.

[38] **Knoedler, Andrew J. , Bailey, William D., McClintock, Bruce H.,Harris, David A.** 1996. Investigation of global positioning system use for air data system calibration , *IEEE PLANS, Position Location and Navigation Symposium,* 1996, p 559-566.

[39] **Peters, Andrew A.** 2004,Calibrating air data systems using GPS technology Society of Flight Test Engineers, *SFTE 35th Annual Symposium Proceedings: Flight Test - The Next Hundred Years, Society of Flight Test Engineers, SFTE 35th Annual Symposium Proceedings Flight Test - The Next Hundred Years,* p 41-99.

[40] **Kalman, R. E.,** 1960. A new approach to linear filtering and prediction problems, *Transaction of the ASME-Journal of Basic Engineering,* March, 35-45.

[41] **Kalman R. F.,** 1961. New results in linear filtering and prediction theory, Trans. ASME, *Journal of Basic Engineering,* S. D, c 3, p 95-108.

[42] **Sage A.P., and Mells J.L.,** 1971. Estimation Theory with Applications in Communication and Control. McGraw-Hill, Newyork, 1971.

[43] **Maybeck P.S.,** 1979. *Stochastic Models, Estimation and Control, Volume 1,* Academic Press, Inc., London,, 1979.

[44] **Grishin, Yu. P., Kazarinov, Yu. M.,** 1985. Fault Tolerant Dynamic Systems, Radio i Svyaz, Moscow (in Russian).

[45] **Chui, C.K. and Chen, G.** 1987. Kalman Filtering with Real-Time Applications, 1987, Germany, Springer-Verlag.

[46] **Carlson, N. A.,** 1990."Federated square root filter for decentralized Kalman parallel processes", *IEEE tr. on AES, 26,* pp. 517-525, 1990.

[47] **Zelenka, R. E.,** 1993. Flight test development and evaluation of a Kalman filter state estimator for low-altitude flight, *Proceedings of the IEEE Conference on Control Applications, Part 1,* Vancouver, BC, Canada, September 13-16.

[48] **Carlson, N. A.,** 1994. "Federated Kalman filter simulation results", *Navigation: Journal of Institute of Navigation, 41,* pp. 297-321, 1994.

[49] **Zelenka, R. E.**, 1994. Design and analysis of a Kalman filter for terrain-referenced positioning and guidance, *Journal of Aircraft*, v 31 n 2, 339-344.

[50] **Mendel J. M.**, 1995. Lessons in Estimation theory for signal processing, communications and control, Prentice Hall PTR, Englewood Cliffs, NJ, USA.

[51] **Levy, L. J.**, 1996. Suboptimality of cascaded and federated Kalman filters. *Navigational Technology for the 3rd Millennium Proceedings of the Annual Meeting - Institute of Navigation.* Inst. of Navigation, Alexandria, VA, USA, 1996, pp.399-407.

[52] **Howard S., Ko, H. L., and Alexander, W. E.**, 1996. Parallel processing and stability analysis of the Kalman filter. *Proc. of the IEEE 15th Annual International Phoenix Conference on Computers and Communications*, IEEE, Piscataway, NJ,USA,1996,p.366-372.

[53] **Jinwon, K., Gyu-In, J., and Jang Gyu, L.**, 1998. "A Federated Kalman filter using a gain fusion algorithm", *IFAC, Automatic Control in Aerospace*, Seoul, Korea, 1998, pp. 385 – 391.

[54] **Hajiyev, Ch.**, 1999. Radio Navigation, Istanbul : ITU (in Turkish).

[55] **Robert M. Rogers**, 2000. Applied mathematics in integrated navigation systems, American Institute of Aeronautics and Astronautics

[56] **www.u-blox.com** , 2005.

[57] **Mutlu T., Hajiyev Ch.**, 2007. Modification of a Low-Cost GPS Receiver and Improvement of Position Data. *In: Proceedings of the Third International Conference on Recent Advances in Space Technologies (RAST 2007).* Istanbul, Turkey, June 14-16, pp. 630-635.

[58] **Hajiyev Ch.**, 2011. GNNS Signals Processing via Linear and Extended Kalman Filters. *Asian Journal of Control*, Vol. 13, No. 2, March 2011, pp. 273 - 282. DOI: 10.1002/asjc.304.

[59] **Mutlu T., Hajiyev Ch.**, 2007. Integration of Helicopter Air data System with Global Positioning System Using Kalman Filter. *In: Preprints of the 5th IFAC International Workshop on Automatic Systems for Building the Infrastructure in Developing Countries: Automation in Infrastructure Creation (DECOM-TT 2007).* Çeşme, Turkey May 17-20,2007, 6 p.

[60] **Mutlu T., Hajiyev Ch.,** 2011. An Integrated Air Data / GPS Navigation System for Helicopters. *Positioning,* Vol. 2, 2011, pp.103-111. doi:10.4236/pos. 2011.22010 .

[61] **McLean, D.,** 1990. Automatic Flight Control Systems. Englewood Cliffs, N.J. , Prentice Hall.

[62] **Eter, D. M.,** 1996. Introduction to MATLAB for engineers and scientists Upper Saddle River, NJ: Prentice Hall.

[63] **Wolfe C. and Hart D.,** 1999. Getting started with Matlab, Indiana University,1999.

[64] **The MathWorks,** 1999 Matlab User's Guide, For UNIX Workstations, 1999.